奇妙的
鱼宝宝诞生记

Qimiao de Yu Baobao Danshengji

李明云 编著

农村读物出版社
中国农业出版社
北京

内 容 简 介

本书以科普形式整理了26例鱼类婚育现象，讲述了不同种类的"鱼宝宝"是如何诞生的。文章内容是基于现实的生动描述，并配有栩栩如生的插图，可以满足广大读者的求知欲和好奇心。本书不但适合作为青少年科普读本，也适于中老年阅读，对于水产养殖生产从业者和教育科研人员亦有重要的参考价值。

前 ◉ 言
FOREWORD

　　鱼类是动物世界的一大类群，共有34 000余种，占脊椎动物总数的52.6%。最大的鱼是鲸鲨，一般体长10米以上，最大体长可达20米；世界上最小的鱼是胖婴鱼，该鱼分布于西太平洋大堡礁附近海域，雄鱼平均体长仅7毫米，可见鱼类体形大小之悬殊。大部分鱼类可以食用，是人类动物蛋白的重要来源。吃起来骨头比较软的为软骨鱼类，如鲨鱼、鳐鱼、魟鱼等；吃起来骨头比较硬的为硬骨鱼类，如大黄鱼、鲈鱼、带鱼等众多海水鱼，以及青鱼、草鱼、鲢鱼、鳙鱼等种类繁多的淡水鱼。多数鱼类肉质鲜美，但也有少数鱼类有毒，如河豚。有些鱼类如金鱼等只能观赏，不可食用，还有离开水会飞的飞鱼、会爬行弹跳的弹涂鱼，甚至还有会发电的电鲇鱼。矛尾鱼（拉蒂迈鱼）是世界上现存的最古老的鱼类，这是一种真正可以称为"活化石"的鱼类。它见证了鱼类的进化，为科学工作者探索四足动物的起源、寻求"从鱼到人"的演化历程提供了非常重要的线索。矛尾鱼的发现，是20世纪科学史上的一项重大事件，其重大程度几乎可以和发现一只活恐龙相比。

鱼类与其他动物一样也通过"恋爱""婚配"、产卵和孵育等婚育过程使鱼宝宝诞生。"婚"是女字和昏字在一起，对鱼类而言则指"引诱"雌鱼与其进行婚配；"育"字类似于一个小孩子从母亲腹部出来的画像，这里指产卵、孵化和护育。产卵是指卵从母体排出体外的过程；孵化是指在卵内完成发育，鱼宝宝"破壳而出"的过程；护育是指成鱼保护鱼宝宝成长或自然摄食发育成长的过程。

鱼宝宝诞生可以说奇特无比、妙趣横生。作者整理了26例奇妙的鱼宝宝诞生现象：有大声求爱群集在一起生宝宝的，有在江溪的急流浅滩中生宝宝的，有长途跋涉洄游到大江中生宝宝的，有千里迢迢从淡水游到高温高压的深海中生宝宝的，有在泡沫下、鱼巢中生宝宝的，还有更奇特的，一天里同一条鱼多次既做"新娘"又做"新郎"和一生中多次转换"新娘"和"新郎"角色的婚育方式，以及卵胎生和假胎生等特殊的鱼类繁育方式，不胜枚举。

亲爱的读者朋友们，你们知道奇特而有趣的鱼宝宝诞生方式吗？产生过关于鱼宝宝诞生的疑问吗？阅读本书能找到你要的答案，并能从无限奇特的妙趣中增加科普知识。

目●录
CONTENTS

奇妙的鱼宝宝诞生记

1 大海中震天悦耳的求爱声

　　大黄鱼体色金黄，拟是大海中会游泳的"黄金条"。大黄鱼素有"国鱼"之称，在20世纪70年代前，全国年平均捕捞量约12万吨，居我国海洋四大主捕对象（大黄鱼、小黄鱼、带鱼和目鱼）之首。在茫茫的大海中，大黄鱼可分为2个地理种群即南黄海—东海群和台湾海峡—南海群。每个种群又分为许多群体，如南黄海—东海群以栖息的海洋不同而分为吕泗洋、岱衢洋、大目洋、猫头洋、洞头洋、官井洋和东引岛群体。其幼鱼在岛屿、河口、浅海中索饵育肥，冬季来临就洄游至外侧海区水深40米以上的海域越冬，第二年又洄游至原索饵场生长育肥，直至冬季来临又回到越冬场越冬，越冬期后大黄鱼已达到2龄以上，雌雄性都成熟了，发出"咕咕"的求爱声，性成熟的鱼"听"到求爱声就纷纷集合在一起。在洄游至产卵场途中，产卵群体会越聚越大，在产卵场"婚配"时的求爱声更是震天悦耳，大黄鱼求爱声有多响，可能你不会相信，"咕咕"的叫声可传几十海里，曾经5—6月作者去岱衢洋的衢江里捕捞大黄鱼，上半夜在衢江南边捕获的鱼不多，半夜里听到大黄鱼的"咕咕"声传来，船老大判断声音在衢江的北边海域，马上起锚前往，循着声音行驶了十几海里后，一网下去捕捞到了好几吨大黄鱼，满载而归。1973年早春，舟山虾峙船老大陈良银驾驶一对机帆船在外海渔场用鱼探仪测到了鱼群，下网不久连网带黄鱼就浮到了海面上来，为什么能浮上来呢？是因为处于中低水层的大黄鱼，接近海面时鱼鳔膨胀。这一网鱼呀多到人可以在上面走路。据说韩国渔民来抢鱼打架就是在这网鱼上面进行的。最终捕了5 000担*，整整装了6船，共250多吨大黄鱼。同年3月18日，宁波海洋渔业公司，宁渔606船组，用鱼探仪探到鱼群厚度从海底到20米水深，有20多米厚，网获40 000箱，装了5艘渔轮。

在人工繁殖的情况下，可以更清楚地观察到，亲鱼第一天8时注射人工激素，第二天半夜即可产卵。亲鱼在产卵前先发出"咕咕咕、咕咕咕"的连续响声，并开始追逐，约1小时后，响声与追逐达到高潮，接着就开始产卵。产卵时，1对雌雄亲鱼以腹部相对侧卧于水的表层，雌鱼先行产卵，紧接着雄鱼对着卵群喷射"烟状"精液。这样便完成了大黄鱼自然产卵的全过程。海水鱼的受精卵因卵内有油球，为浮性卵，大黄鱼也一样。海水环境温度不同，受精卵孵化时间也不同，长的40多小时，短的18小时左右。仔鱼、稚鱼、幼鱼和产卵后的生殖群体均分散在产卵场附近的海湾内外和河口的广阔浅海海域索饵育肥。往往这些海域注入的淡水径流量大，营养盐丰富，海淡水交汇，轮虫、桡足类、磷虾、莹虾、糠虾及其幼体和小杂鱼虾等繁生，为大黄鱼仔鱼、稚鱼、幼鱼和产卵后亲鱼的索饵育肥提供了充足的天然饵料。大黄鱼的分散索饵习性是其在长期的进化过程中，为保证其种群的饵料供应与种群延续的一种适应习性。

秋后，随着台湾暖流的逐渐消退，以及闽浙沿岸水流速的

---

* 担为非法定计量单位，1担=50千克。

奇妙的鱼宝宝诞生记

增大与水温的下降，原先在沿岸、内湾各索饵场索饵的不同年龄、不同大小的大黄鱼，逐渐集群向南、向外洄游，并一路汇集越来越多的鱼群。到40～60米等深线附近的泥或泥沙底质的海域底层栖息越冬。

与大黄鱼一样具有大声求爱繁育习性的鱼类主要是石首鱼科的家族，有黄唇鱼、大黄鱼、小黄鱼、梅童鱼、鮸鱼、黄姑鱼等，它们的共同特点是鳔很发达，会发声，因为有耳石，故称为"石首鱼类"。黄唇鱼的鱼胶价格昂贵，渔民们若捕到黄唇鱼就发财了，它的价格高达每斤*万元呢！据报道，前几年在宁波镇海口，不同年份分别捕到过黄唇鱼，一条小的卖到三十几万，大的卖到六十余万元。

---

* 斤为非法定计量单位，1斤＝500克。

2 在凶险的泡漩水中群舞

大雨后大江大河中水位上涨，在某些多暗礁的峡谷和河曲度大的、水流湍急的江段，有多个漩涡在翻腾，漩涡上有泡沫，称之泡漩水。这些江段是我国青鱼、草鱼、鲢鱼、鳙鱼四大家鱼的产卵场。四大家鱼性成熟后会出现第二性征，雄鱼在胸鳍头部和尾部角质状突起处出现追星。有些鱼类第二性征出现后终生不会消失，如雄性鲢胸鳍有锯齿状骨质栉齿，而雌鱼一般没有或较少，因此可以将此作为区别雌雄鱼的依据。其他的副性征表现在体色、体形上，雌雄鱼略有差异，但不十分显著。在生殖季节，集群洄游到产卵场的各种成熟家鱼，在大雨或江河水位上涨等条件刺激下，一般在20～30个小时后，便会在产卵场中发情、产卵。鲢、草鱼多在峡区产卵场的水面产卵。产卵时，常常出现几尾雌鱼被几倍数量的雄鱼衔尾追逐的求偶现象，雄鱼兴奋地追逐雌鱼，常用头部冲撞雌鱼腹部，雄鱼时而跃出水面几米高，时而将雌鱼挤出水面，常常使水面激起阵阵浪花，那景观拟是在群舞。有时雌雄亲鱼生殖孔相对仰浮，胸鳍和尾鳍急剧颤抖，有时雌雄鱼尾部交扭，持续近一分钟，当雌雄鱼发情到达高潮，便把体内的卵子、精液同时排出体外。有时亲鱼突然停止游泳，仰浮于水面，腹部朝上，胸鳍抖颤，顺流而下，呈极度疲惫状态，老远看过去白花花一片，好像死

奇妙的鱼宝宝诞生记

鱼浮在水面，约几分钟或十余分钟后，它们又继续群游产卵。一般一个产卵过程要排卵2～3次。

鲢鱼、鳙鱼、草鱼、青鱼、鲮鱼产出的卵都是漂浮性卵，卵子入水后迅速吸水膨胀，卵径增大，卵膜薄而透明，没有黏性，在静水中卵子下沉于底部，在流水中则呈漂浮状，在泡漩水中翻滚。刚产出的卵（未吸水时）呈淡青色（青绿）带点微黄。各种鱼卵的卵径分别为：鲢鱼1.2～1.4毫米，鳙鱼1.5～2.0毫米，草鱼1.3～1.7毫米，青鱼1.5～1.9毫米，鲮鱼1.1毫米左右。卵膜吸水膨胀后卵径增大，分别为：鲢鱼4.8～5.5毫米，鳙鱼5.0～6.5毫米，草鱼4.0～6.0毫米，青鱼5.0～7.0毫米，鲮鱼3.3毫米左右。膨胀后的卵膜有一定的弹性，以保护胚胎在流水中正常发育。受精卵在流水中漂浮，经20～30个小时完

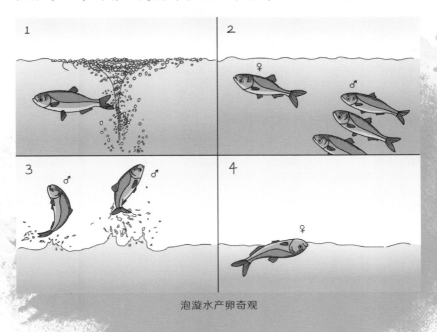

泡漩水产卵奇观

成胚胎发育过程，孵化出膜。刚孵出的仔鱼在水中漂流并继续发育。胚胎发育的适宜水温为22～28℃。受精卵经发育孵化出仔鱼，仔鱼前期以卵黄为营养，卵黄囊消失后，仔鱼摄食浮游动物，如轮虫、枝角类、桡足类等。鲢鱼稚鱼期以后主要滤食浮游植物（藻类）和植物碎屑；而鳙鱼稚鱼期以后主要滤食浮游动物，平时栖息于干流及其附属水体摄食肥育，冬季在干流或湖泊深水处越冬。性成熟后，繁殖季节集群溯河至产卵场。人工养殖条件下，性成熟后的四大家鱼，因为没有产卵场的生态条件，不会繁育，只能依靠人工模拟生态环境及生态环境引起的性激素变化，采用人工注射激素的方法，在人工模拟产卵环境的瓜子形产卵池中产卵。受精卵放入孵化环道或孵化桶中，在流水中孵化出膜，待卵黄囊消失，将其放入鱼苗培育池中培育。

3 "爱情" 草中求

在流动的江河中，在水库、湖泊、池塘和水田的静水中，都能见到鲤鱼、鲫鱼踪迹。因为它们对生活条件的要求不甚严格，对环境的适应能力强。鲤鱼是典型的底栖鱼类，生命力强，分布甚广，在各种水体中均可见到它们的踪迹。不过，鲤鱼更喜欢在水草丛生的浅水处活动。鲫鱼也是底栖鱼类，在亚寒带到亚热带各种类型的水体中都有分布，不论水域是深是浅，是流水还是静水，是清水还是浊水均可栖息，在水草繁茂、水流缓慢、腐殖质丰富的河湾、湖泊、沟渠等水体中有更多的分布。银鲫生活于水体中下层，一般水域都可生长。白鲫生活于水体中上层并有集群习性，对温度和水质及低氧的耐受能力都强，能在不同的环境条件下生长。但它们的繁育有一个特殊性，即需要水草繁茂。只要水草繁盛不管是在流水还是静水中，清水还是浊水中均能进行"婚育"。在珠江流域，鲤鱼、鲫鱼通常1足龄便性成熟，长江流域一般雌鲤2龄、雄鱼1龄以上达性成熟，鲫鱼一般1龄以上达性成熟。长江、珠江流域性成熟的鲤鱼一般体长30厘米，少数16厘米以上，体重250克左右。鲫鱼的性成熟个体体长约10厘米，重50克左右。黑龙江鲤性成熟年龄为雌鱼4龄、雄鱼3龄，个体规格也较大；东北银鲫性成熟年龄一般为雌鱼3～4龄，雄鱼2～3龄，体长约13厘米。鲤鱼、鲫鱼的产卵季节随生活地区的不同有所不同。海南岛和珠江流域产卵季节为1—3月，盛期为2—3月；长江流域产卵季节为3—5月，盛期为4—5月；东北地区的鲤鱼、鲫鱼产卵期为5月末至7月。产卵季节的差异取决于各地区达到鲤鱼、鲫鱼产卵温度的时间，这与各地所处的纬度有关。例如，黑龙江省产卵水温为14℃，吉林省为15℃，辽宁省为16℃，广东省为18℃左右（最适水温为18～22℃）。产卵多在清晨开始，一直延续到上午八、九点钟，有时也延续到下午。发情时两三尾雄鱼于杂草或水草丛中追逐一尾雌鱼，雄鱼不时冲撞雌鱼腹部，互相摩擦。当发情达到高潮时，雌雄鱼追逐剧烈，尾部拍击水面产生浪花，睡在100米外的管理员早晨迷迷糊糊就能听到有节奏的清脆拍水声，白天能看到不时出现的浪花，往往引得行人停下来观看。雌雄鱼在追逐的同时向杂草上产卵和排精。受精卵附着于杂草或水

草和其他基质上。鲤鱼、鲫鱼为分批性产卵鱼类，产卵后如果营养条件好，年内还可再次性成熟。鲤鱼、鲫鱼的卵为黏性卵，刚产出时为橙黄色或淡黄色，半透明，卵周隙小。受精卵黏着于水草或其他物体上发育，在水温为20～25℃时，从受精至孵化的时间为53个小时左右，胚胎发育各阶段的形态变化与鲢鱼、鳙鱼、青鱼、草鱼类似，但发育持续的时间较长。初孵出的仔鱼全长5.0～5.6毫米，头部悬附于水草或鱼巢上，受惊后能做间断性垂直游泳，然后又附着于水草上，2～3天后鳔充气，能进行水平游泳而逐渐离开水草，第4天后卵黄囊大部分消失，开始摄饵。

在人工繁育条件下，采用专门的池塘培育亲鱼，在性成熟季节，用经消毒的水草（聚草、金鱼草等）、棕片、柳树根须或人造纤维等作为鲤鲫婚育的温床，也称之为鱼巢。鱼巢是亲鲤、亲鲫产卵时的附着物，附着物扎制成束。鱼巢在产卵池内布置适当与否，能直接影响到雌雄鱼的产卵效率和鱼卵在巢上的附着率。常见的布置方法有悬吊式和平列式两种，也有简单地将附着物绑在竹竿上的方式，每隔5米插入池中，作为鱼巢。目前生产上多直接使用鱼苗培育池进行孵化，以减少鱼苗转塘的麻烦。一般每亩*池塘放鱼卵50万粒左右（以产塘鱼苗20万尾左右为准）。池塘孵化一般是将鱼巢悬挂在鱼池水中即可。鱼苗刚孵出，不可立即将鱼巢取出，因这时鱼苗不会游泳，都附在鱼巢上，需以卵黄囊中的卵黄作为营养，要待卵黄囊基本消失，鱼苗具有游泳能力，能主动觅食时，才能将鱼巢取出，这样鱼苗成活率会较高。

奇妙的鱼宝宝诞生记

---

* 亩为非法定计量单位，1亩≈666.67平方米。

4 浅滩急流中的拍水声

你吃过香鱼吗？香鱼因其脊背上有一条满是香脂的腔道，能散发出诱人的香味而得名。它又是一条奇怪的鱼，香鱼在春天从近海入河上溯时，会成群结队一起行动，可穿越急流浅滩，挑选合适的水潭，先驱赶其他鱼类或其他群体的香鱼，然后定居下来，固定自己的地盘，一般前期上溯的鱼群占领上游的水潭，中期上溯的鱼群占领中下游的水潭，后期上溯的鱼群占领在下游的水潭甚至咸淡水水域。香鱼群体定居下来后，就把这个水潭作为自己的势力范围固守，在水潭的外围有专门的香鱼在"巡逻"，一旦发现有其他鱼类或不同群体的香鱼进入它们的领地，"巡逻兵"就会快速冲向领地并对其他鱼类进行驱赶，进入领地的鱼发现有香鱼过来，就会调头逃跑，那些来不及逃跑的鱼，"巡逻兵"就会紧靠入侵鱼的体侧同游，嘴一开一合好像在咬入侵的鱼，直至将其驱赶出领地为止。一条鱼去驱赶，其他的鱼也会紧跟其上。日本人就把这种生态习性作为香鱼名字，称之为"鲇"。香鱼肉质细嫩，无腥，能散发出阵阵清香味，用火焙干后呈金黄色，色、香、味俱佳。因其独特的风味，自明朝迄今一直被视为食用鱼中的珍品，历来有"斗米斤鱼"之称，曾被乾隆皇帝钦定为贡品。诗人墨客有诗曰"雁山出香鱼，香味甜又余，色如黄金，可携千里"。在当今国际市场上，香鱼被称为"淡水鱼之王"，在青岛崂山一带被称为"仙胎鱼"。所以，香鱼是一种经济价值较高的水产品。

　　我国沿海的香鱼是一种降河洄游性鱼类。每年9—10月，在江溪上游育肥的成熟香鱼集群降河进行生殖洄游，一般生殖洄游比产卵期提早1～3个月。香鱼的生殖洄游习性与其大小无关，在生殖洄游过程中逐渐出现雌雄副性征，其雌雄个体在形态上有很多差别，极易区分。非生殖期，雌鱼的臀鳍条较长，外缘凹入成一较深的缺刻；雄鱼臀鳍条较短，外缘呈浅的凹陷，几近平直。另外，雌鱼的腹鳍内侧鳍条短，外侧鳍条长，而雄鱼的腹鳍则内长外短。生殖期间，雄鱼体上分布有白色颗粒状追星，尤以臀鳍上分布最多，也最明显，体表显得粗糙。雌鱼追星一般很少，其体表平滑。此外，雄鱼还会出现婚姻色，从

背面直到侧面变得暗黑，腹部侧面有赤褐色条纹，胸鳍、腹鳍和臀鳍均呈现红黄色或橙黄色，而雌鱼体色变化甚少，各鳍也不似雄鱼鲜艳。香鱼洄游至溪流入海的咸淡水交汇处，性腺快速成熟，成熟的卵巢呈前后二叶，每叶性腺由片状蓄卵片组成，像书页一样可一页一页地翻开来，前叶40～51片，后叶30～39片，蓄卵片中卵子成熟后，香鱼就到急流漫滩或急流浅滩中产卵。香鱼没有卵巢腔，卵粒成熟后脱离滤泡膜，离开蓄卵片，落入腹腔中储积，然后经泄殖孔产出体外。产卵期间，雄鱼以其婚姻色引诱雌性香鱼，与它双双群游，白天在水潭中可见雌鱼与一尾或多尾雄鱼群游，雌雄香鱼之间常有头部靠近的亲昵行为。一般在傍晚和拂晓有微光时，雌雄香鱼纷纷冲上水潭与水潭之间的急流浅滩处产卵、受精。

产卵处一般为水质洁净、水流湍急的沙质及鹅卵石的浅水石滩，产卵浅滩一般水深25～35厘米，流速0.477～0.675米/秒，盐度0.52～11，溶氧量为10毫克/升，水温15～21℃。发情时，雌鱼腹部在光滑、洁净的石滩处溯水磨擦，雄鱼紧追雌鱼，时而跃出水面，尾鳍激烈摆动，发出连续而响亮的击水声。当追逐达到高潮时，雄鱼用头部和粗糙的体表冲撞摩擦雌鱼腹部，促使雌鱼产卵，随后雄鱼排精，精卵结合形成受精卵。香鱼属分批性产卵鱼类，在10～20天内完成第二、第三次产卵，产卵后亲鱼大多数死亡，只有极少数个体能继续存活。受精卵黏附于急流浅滩的石砾上，鱼苗孵化后，随水流入海越冬。翌年春季（3月底至5月上旬），体长45～80毫米的幼鱼开始上溯，到江溪中生长育肥。每年循环往复一次，以满足其生存和延续后代的需要。所以香鱼的寿命多数为一足龄，但也有生活至2年的个体。香鱼的生长速度较快。上溯淡水的幼鱼一般体长50～80毫米，体重5克左右，经4～5个月的育肥，体长可达150～260毫米，体重50～150克；少数越年2龄鱼体长可达300毫米以上，体重400～500克。

在人工养殖条件下，养殖池相当于水流平缓的水潭，香鱼性腺能成熟，因没有急流浅滩的产卵条件，无法自行产卵受精，故采用人工挤卵、人工授精、人工孵化和人工育苗的方法进行人工繁育，全国年育苗量在1 000万尾左右，产量约1 000吨，使消费者都能吃到名贵的香鱼。

5 江溪中彩色的"婚床"

江溪中有一种小型鱼类，美味可口，别有风味，但它的卵巢有毒，这种鱼被称为光唇鱼，俗称淡水石斑鱼、罗丝鱼等，虽然冠名不一样，但在全国各地的江溪中都有它的踪迹。成鱼体长可达15～20厘米，其体侧具有6条垂直条纹，体色鲜艳，具有较高的观赏价值。浙江选取3.5厘米的幼鱼作为观赏鱼类出口外销，每年出口2万～3万尾，创值相当可观。

这种鱼生长速度较慢，一般性成熟要到2足龄，体长也不过15～20厘米，其产卵季节为5—8月，繁殖盛期为6—7月，江溪水温在18～27℃时产卵，产卵时进行群体"婚配"，要寻找一个彩色的"婚床"。溪流中有回溜水的水潭边浅滩，底部要有不同颜色的石砾，它们喜欢在彩色的环境中婚育，在繁育季节的清晨或傍晚，在晨光和晚霞的映衬下，底部彩色的石砾加上鱼体婚姻色彩，好像彩色的花团映在水底，有时掀起彩色的浪花，有时霞光影射闪闪发光，这景观使人惊叹。产卵鱼群互相嬉闹，雌鱼的腹部摩擦底部石砾，一粒一粒的产下卵，雄鱼随之排精，然后沉入水中黏附于石砾上，每尾雌鱼每天产卵50粒左右。光唇鱼的成熟卵近圆球形，金黄色，具黏性，比重大于水，属沉性卵，卵径1.84～2.14毫米。受精后，卵膜膨胀达最大，卵径达2.32～2.54毫米。光唇鱼的胚胎发育过程包括胚盘形成、卵裂、囊胚、原肠胚、神经胚、器官分化等阶段。孵化的光唇鱼鱼苗在水潭静水处摄食生长，长成幼鱼后，就在水体中下层定居下来，在江河、湖泊中均能生活，常栖息于多石块的缓流水环境中。杂食性，食物以丝状藻为主，水草次之，也食用一些动物性饵料。

在人工繁殖条件下，光唇鱼可以在养殖池培育至性成熟，将经挑选的雌雄亲鱼，集中放于产卵池，模拟创造一个缓流水的环境，在进水处和出水处设置产卵鱼巢，称之为人工产卵框，框内放置彩色的石砾，凌晨和傍晚时分，雌雄亲鱼纷纷集中在产卵框上方，围绕产卵框嬉闹，于框内石砾上产卵，上午和天黑前收集产卵框中的黏附于石砾上的受精卵后集中孵化，待孵化出的鱼苗开口摄食后，放养于鱼苗培育池培育，培育至3.5 ~ 5厘米即可以出池作为观赏鱼进行出口创汇，也可供养殖户养殖。

6 长途跋涉"江中爱"

鲥鱼是我国名贵鱼类,古往今来,有不少文人墨客为它作诗写赋。王安石诗云:"鲥鱼出网蔽江渚,荻笋肥甘胜竹乳。"苏东坡诗云:"芽姜紫醋炙鲥鱼,雪碗擎来二尺余,尚有桃花春气在,此中风味胜莼鲈。"鲥鱼因定时从海洋中洄游至长江、钱塘江等而得名,为长江三鲜(鲥鱼、河豚和刀鱼)之一,而钱塘江上游富春江的鲥鱼最为有名。

鲥鱼定时洄游,每年两次出现于我国东南沿海,一次在3—5月,另一次在8—11月,温州沿海渔民称之为"客鱼",视之为过路客。在自南往北生殖洄游过程中,约在3月上旬至4月首先出现在汕头、厦门和金门一带海域;4月下旬至5月初抵达钱塘江口、长江口。然后继续洄游,沿钱塘江上溯至富春江桐庐排门山、子陵滩一带产卵;沿长江上溯到江西赣江中游新淦到吉安江段,主要在峡江江段产卵。这些江段的共同特点是,两岸丘陵起伏,江中深潭棋布,浅滩交错,底多卵石,流态复杂。上溯时由雄鱼打头阵,在渔汛初期出现的都是雄鱼,以后雌鱼比例逐渐增加,至渔汛盛期即产卵时期,雌鱼数接近或超过雄鱼数;渔汛末期,雌鱼比例又逐步减少,与雄鱼相当或低于雄鱼数。整个汛期雌雄性比大体上保持1:2。亲鱼进入产卵场栖息在深水处,每当洪水或大雷雨后江水上涨流速增大

（0.81～1.00米／秒），透明度降至15～25厘米，水温达25℃以上（27～30℃最佳），此时鲥鱼产卵。产卵活动大多发生在16时到20时，部分在次日清晨4时到6时进行。繁殖时亲鱼三五成群活跃于水体上层，雌雄鱼发情相互追逐，有时以尾部击拍水面，进行产卵排精。鲥鱼的绝对排卵量在100万粒以上，一次性产出，最高达389.4万粒。卵浮性，具油球，卵径0.7毫米左右。在水温26.5～27℃时受精卵经17个小时可孵出仔鱼。初孵仔鱼全长约2.5毫米，仔稚鱼培育期间水温为26～34℃，从仔鱼出膜到鳞片完全形成再到发育为稚鱼阶段需经历29天。

　　鱼苗开口后以轮虫、枝角类和桡足类为食。鲥鱼幼鱼降河入海前，主要摄食秀体溞、裸腹溞、象鼻溞、许水蚤、华哲水蚤、晶囊轮虫、臂尾轮虫、龟甲轮虫、双菱硅藻和纺锤硅藻等。入海后主要食物有小型拟哲镖水蚤、双刺唇角镖水蚤、日本角眼剑水蚤和其他桡足类，以及溞状幼体和圆筛硅藻。2龄以上的成鱼在近海进行生殖洄游期间，大量摄食桡足类、硅藻、糠虾和磷虾等；当生殖群体接近河口时，摄食强度逐渐降低；进入钱塘江、

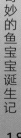

长江后大多数个体停止摄食，消化道亦趋萎缩，仅极个别个体会吞食少量浮游生物。繁殖后的鲥鱼摄食少量浮游生物，然后返回海中栖息。

鲥鱼是钱塘江、长江的名贵鱼类，不仅肉味鲜美、鳞片可食，而且产量集中，据1958年统计，江苏省鲥鱼的产量达2 250吨，但近十年几乎绝产。现在餐桌上的鲥鱼是我国从美国引进受精卵后经驯化全人工养殖的鲥鱼。所谓的全人工养殖，就是将来自美国密西西比河和哥伦比亚河的受精卵，经过孵化、育苗，养殖成性成熟亲鱼后，再通过人工催产、人工孵化和人工育苗，培育成苗种，在人工条件下进行商品鱼养殖。养成的商品鱼，源源不断地供应市场，满足了大众的需求，使美味的名贵鱼类重新回到人们的餐桌上。

19

7 耗尽体力为繁衍

　　近几年来，三文鱼片越来越受欢迎，食客一致惊叹鱼片加芥末味道好极了。三文鱼分为鲑科鲑属与鲑科鳟属的鱼，所以准确地说Salmon是鲑鳟鱼。在不同国家的消费市场三文鱼涵盖的种类不同，挪威三文鱼主要为大西洋鲑，芬兰三文鱼主要是养殖的大规格红肉虹鳟，美国的三文鱼主要是阿拉斯加鲑鱼。大麻哈鱼一般指鲑形目鲑科太平洋鲑属的鱼类，有很多种，如我国东北产的大麻哈鱼和驼背大麻哈鱼等。但你知道吗？三文鱼永远不忘出生地，4～5年后会循原洄游路线从海洋中返回，太平洋的三文鱼繁育后惨烈"牺牲"，百万年来，三文鱼周而复始地重复着自己从淡水到咸水、又从咸水到淡水奇迹般的生命循环。三文鱼在淡水中能生长至1～2龄，然后从淡水洄游到海洋中，在海洋里生活了3～5年（通常4龄达性成熟）后才在夏季或秋季成群结队进入江河口作生殖洄游，三文鱼的洄游近乎不可思议，从河口开始，以一昼夜四五十千米的速度逆水而行，它们沿江而上，日夜兼程，不辞辛劳，不管是遇到浅滩峡谷还是急流瀑布都不退却，有时为了跃过障碍物，常常撞死在大石壁上，冲过重重阻挠，到离海洋数百千米的河流上游目的地进行产卵。太平洋三文鱼洄游最为有名的区域是加拿大西海岸。加拿大不列颠哥伦比亚省弗雷泽河，是世界上最大的三文鱼河，洄游量在高峰时每日可超过200万尾，这还不算在河口处被人类大量捕捞的鱼群。有时三文鱼群几乎挤满了一些河段，河水如沸腾一般，非常壮观。很多的鱼来不及到达栖息地而死在途中；而自然界中出现的意外，如山体垮塌阻塞洄游水道，会造成更多的三文鱼死亡。到达产卵地后，它们还不能休息，要继续完成逆水洄游的最后辉煌，在它们生活过的清澈溪水的沙砾河床上，雌鱼用身体特别是尾部的运动，在石砾底质的河底挖出一个巨大的产卵坑，一般要6～7天才能挖成，产卵坑直径有1～2米，鱼之间也会为了得到更好更安全的产卵地而进行激烈的争夺。雌鱼挖好坑并占据后，多尾雄鱼前来婚配，雌鱼将卵产在坑内，雄鱼排精，卵受精后雌鱼用砂石将卵覆盖掩护。产卵受精完毕之后，三文鱼精疲力竭，便静静地安眠在故乡溪水绿荫

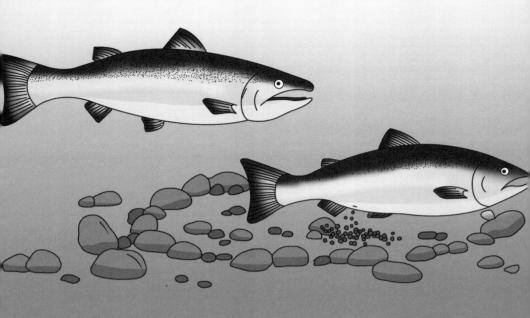

中，或被众多的黑熊当成美味佳肴，完成它奇迹般的生命循环。河水中到处漂浮着死去的三文鱼，生命的延续过程就在这种悲壮中完成。一条雌性的三文鱼可以产三四千枚卵，受精卵在河水中发育成小鱼后，顺水而下，而这些小鱼苗中可能只有两三条能完成这个生命的循环。

　　三文鱼要经过海中深水网箱三年养殖，达到1.5千克以上才可收获并加工成出口产品，进口的三文鱼品质较好，现在超市、酒店和餐饮业供应的三文鱼，一般以挪威进口的养殖三文鱼为主，市场上也有国内在水温较低的淡水水域养殖的鲑鳟鱼，品质也不错。

8 千里迢迢赴深海中恩爱

鳗，肥美在冬，盛行在夏。夏日炎热，食欲不振，鳗细长，肉嫩味鲜，提振食欲的同时还能补充体力。河鳗因营养丰富，肉嫩味美，深受大家的喜爱，故是婚宴、寿席的必备菜品。但河鳗的来历可不简单，它与三文鱼刚好相反，在淡水中生长发育2～5年后，千里迢迢洄游到深海中恩爱繁育后代，当它们遇到河道阻塞、无法前进的时候，会不顾死活地离开水面，沿着潮湿的草地，翻越重重障碍，奔赴大海。在洄游至产卵场前会在浅海滩涂处逗留一段时间，与同伴聚集，游向目的地。此时正好是成鳗捕捞的季节，其汛期在9月下旬到11月上旬，10月上旬寒露前后为旺汛。

河鳗在淡水水域中性腺不能很好地发育，必须经过生殖洄游，到达产卵场后性腺逐渐成熟。法国人贝特将种鳗下沉到海洋870米深处后，测得种鳗体内促性腺激素增加20倍，证明深海这种特定环境为其性腺发育所必需。鳗鲡洄游的速度很快，一天能游8～32海里，若环境十分有利，一天可游30～60海里。鳗鱼是肉食性鱼类中最贪食者，它们无所不食，无时不食。然而奇怪的是，一旦到了产卵洄游期，它们竟开始绝食，在漫长的旅程中，它们粒食不进。许多鳗鱼因受不住饥饿的折磨而死于途中，即使能坚持到底，也瘦得皮包骨似的，体形、生理上发生一系列变化。从未有人见过一条大鳗鱼重返河流，所有成鳗在产卵后都死于海中。

产卵场的位置一直是个谜。原来大家知道的是河鳗在高温高压的马里亚纳海沟里产卵孵育。近几十年来，有关学者根据在海洋调查中发现的卵子、叶状体的出现海域，基本确定鳗鲡产卵场的确切位置是在马里亚纳群岛西侧、北赤道海流北侧的边缘海域。

鳗鲡产卵和孵化水层为400～500米，水温16～17℃，盐度35。产卵一般在凌晨拂晓前后4—6时进行，以4时30分至5时产卵居多。性成熟的鳗鲡在高温高压，尤其高压下，腹部受到挤压，卵子排出体外，与雌性紧密相随的雄性随即排精，鳗

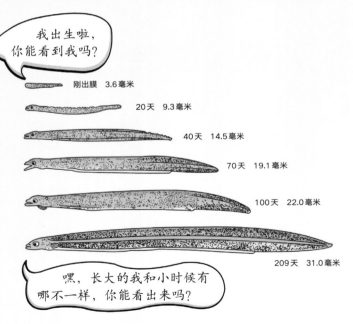

我出生啦，你能看到我吗？

刚出膜　3.6毫米

20天　9.3毫米

40天　14.5毫米

70天　19.1毫米

100天　22.0毫米

209天　31.0毫米

嘿，长大的我和小时候有哪不一样，你能看出来吗？

奇妙的鱼宝宝诞生记

鲥卵子一次性产出，产700万～1300万粒。卵浮性，卵径1毫米，受精卵在产后10天内仔鱼出膜。初孵仔鱼全长3.6毫米，仔鱼呈白色透明状，形如柳树叶子，称为柳叶鳗，孵出后3天全长约6毫米时即向水体表层上升，全长达7～13毫米时分布在100～300米水层，再长大就上升至30米水层，昼夜垂直移动，同时随表层洋流从产卵场向各方扩散，白天在30米深的水层，夜间上升到水体表层。约半年或一年左右到达大陆沿岸，在新的环境条件的刺激下，开始变态成为透明的白仔鳗，体形由扁平的叶形变为细长圆柱形，由被动浮游转为主动游泳并开始趋淡溯河。白仔鳗溯河无可阻挡，一往直前，可翻越几十米高的闸门。

　　溯河时间，正是采捕贵如黄金的鳗苗的大好季节。鳗苗汛期因各地所处地理位置不同而异，总的趋势是南早北迟。台湾西岸一般10月中旬见苗，11月开始捕捞，翌年1—2月为旺季，3月下旬结束。广东韩江口一般11月底、12月初见苗，翌年1—2月为旺季，3月下旬至4月初结束。福建沿岸和浙江南部瓯江口，鳗苗汛期在1—4月，1月下旬至2月下旬为旺季，4月中旬结束。长江口和钱塘江口，一般1月见苗，有时在上年12月中旬就已见苗，2—4月为旺季，汛期有时可延至5月下旬。苏北沿岸见苗稍晚，4月为旺季。白仔鳗经培育成为黑仔鳗，黑仔鳗继续培育成筷子鳗即鳗种，再将不同规格的鳗种养成商品鳗，我们日常吃的河鳗一般为人工养殖的。

9 顾家护幼的好父母

乌鳢总称为乌鱼，俗称黑鱼、生鱼等，它的家属还有斑鳢、月鳢。此类鱼性凶猛，肉食，为营养丰富、肉质鲜美的高级保健食品，在医药上具有生肌补血、收敛的功效，是我国重要的出口水产品之一。

乌鱼为底栖性鱼类，喜栖于沼泽、湖泊水草繁茂、软泥底质的浅水处，是一种非常独特的鱼，冬季蛰居于泥中越冬。乌鱼耐低氧，当水中缺氧时，能将头斜露出水面，借助鳃上器官呼吸空气中的氧气，在水少的潮湿地带，也能生活相当长的时间，对pH适应范围较广。乌鱼善跳易逃。成鱼可跃离水面1.6米，有跳向低水位的本能，在降雨或有流水冲击时更盛，夏季雨夜常发生"过道"现象，移到其他水域场所栖息。乌鱼性贪食，捕食方式为伏击式。食量很大，最大胃容量可达体重的60%，能吞食相当于自身体长一半大小的食物，且有自相残食的习性。

乌鳢产卵期在华中地区为5—8月，以6月较集中；同属鱼类中的斑鳢产卵期在华南地区为4月中旬至9月中旬，5—6月最盛；月鳢在湖北的产卵旺盛期为5—6月上旬。产卵前一周，它们喜在湖边、塘堰、沟渠等近岸水草繁茂、静水避风的浅水区活动，一条雌鱼有多条雄鱼追逐，雌鱼驱逐不中意的雄鱼，留下一条雄鱼然后进行雌雄配对，配对后双双在水浅、避风浪、无急流的水草茂盛的区域筑巢。筑巢的作用是求偶、产卵、受精、孵化，防止受精卵流失。用口采集产卵场周围的水草，在茂密的水草上方围成鱼巢，呈网盘状，鱼巢离水面20～35厘米，直径32～50厘米，然后雌雄鱼在鱼巢下发情追逐，发情高峰前，利用呼吸的进出水流和尾部清洁鱼巢表面，经过清洁后就进入发情高峰，雌鱼产卵雄鱼随后排精，一次的产卵数5 000～18 000粒，通过亲鱼的尾部摆动，使卵充分受精，均匀地散布黏附于鱼巢上。产卵活动常发生在清晨日出之前，受精

卵在鱼巢内发育孵化，鱼巢可防止受精卵流失。产卵后的亲鱼双双潜伏在巢下或在附近巡游，时而进入鱼巢内搅动水流，使鱼巢上的受精卵能够得到充足的氧气从而保证胚胎的正常发育。亲鱼就这样守护鱼卵和仔鱼，若有其他鱼类或动物进入就会突然冲出，驱赶或吃掉其他水生动物，直至幼鱼长至4～5厘米能独立生活时，亲鱼才结束护幼工作，不愧是顾家护幼的好"爸妈"。捕鱼者利用这个习性，如果发现有一群小乌鳢在活动，估计就有大的乌鳢守在旁边，电刺下去，就可捕到2条大的乌鳢，结果把小乌鳢也电死了，这是国家禁止的捕捞方法。除乌鳢家族外，有筑巢护幼习性的还有生长在北方的狗鱼和花鱥。

由于20世纪70年代后围湖造田和大量使用农药、化肥等原因，导致乌鳢的生长环境被破坏，野生资源很少见到，现在吃的乌鳢多为人工养殖的。

10 挖巢护院的好父亲

　　大家都知道的黄颡鱼，也称黄腊丁，该种鱼不仅肉质细嫩、味道鲜美、营养丰富，最主要的是没有肌间刺，特别适于儿童食用。同时也是一种出口创汇的鱼类，主要出口日本、韩国、俄罗斯等国家。

　　在天然条件下黄颡鱼生长较慢，一般当年只能长到6～10厘米，体重2～5克，第二年长到50～100克。但雄性黄颡鱼明显比雌性个体生长快，有时体重增长速度是雌性个体的5～6倍。

　　黄颡鱼性成熟比较早，雌雄个体一周年均可成熟。这种鱼有一个挖巢护院的"好父亲"。雄鱼具有筑巢及保护鱼卵和鱼苗的习性。在生殖期间，雄鱼游至自然水体沿岸地带水生维管束植物茂密的浅水区域，利用胸鳍在泥底上挖成一个小小的泥坑，即为黄颡鱼的鱼巢。巢径16～37厘米，巢的深度9～15厘米，巢壁光滑或有水生高等维管束植物的须根。鱼巢挖好后，雄鱼去引诱雌鱼进入鱼巢，如果受到雌鱼喜欢，就会与其配对，双双频繁进出鱼巢，互相追逐和接触，达到发情高峰时，雌雄鱼同时在鱼巢中产卵排精，并通过亲鱼的尾部摆动，使受精均匀，受精卵均匀地散布黏附在鱼巢上。每次产卵需排卵几次，每次排卵几十到几百个，间隔时间为几分钟到几十分钟，因而完成一次产卵需历经几个小时，有的甚至整天都在断断续续排卵。

完成产卵过程后的雌鱼离巢而去，雄鱼则在鱼巢附近，时而游动和进入巢穴内搅动水流，使鱼巢上的受精卵能够得到充足的氧气从而保证胚胎的正常发育，同时，又对鱼卵进行保护。如果其他鱼类等敌害游近鱼巢，雄鱼就会主动攻击和驱赶。雄鱼就这样守巢，一直到鱼苗孵化出来后几天能游出觅食为止。

天然条件下，黄颡鱼的繁殖季节为4月中下旬至8月中下旬，其中繁殖高峰期一般有两个，即5月中下旬和6月底至7月初。当天气由晴转阴，并有降雨发生时即可发现黄颡鱼大量产卵，产卵时间通常集中在夜间8时至次日清晨4时。黄颡鱼一般喜欢在水质清澈、平静的浅水区产卵，产卵场的水深为20～60厘米，周围有茂盛的水生维管束植物生长，底部为泥底或有凹形地段。与黄颡鱼有一样繁殖习性的还有胡子鲇等鱼类。

1.1 强行婚配的泥鳅

泥鳅有"水中人参"之称，可食用部分占80%左右，其肉蛋白质含量为20.7%，脂肪2.8%，磷、钙、铁含量丰富，并含有一定量的维生素a。泥鳅还有多种药用功能，据《本草纲目》记载：泥鳅有暖中益气之功效，对治疗肝炎、小儿盗汗、皮肤瘙痒、跌打损伤、手指疗、乳痈等有一定疗效。现代医学认为，常吃泥鳅还可美容、防治眼病和感冒等。因此，泥鳅在国际市场上销路很广、销量较大。俗话说"像泥鳅一样活络"，因为泥鳅除用鳃呼吸外，还能用肠道壁呼吸，泥鳅的肠子很特别，在它的肠壁上密密麻麻地布满了血管，前半段起消化作用，后半段起呼吸作用。所以，泥鳅在水中氧气不足时，会到水面上吞吸空气，然后再回到水底进行肠呼吸，废气由肛门排出，排气时人们往往能看到水里冒出很多气泡。当天气闷热、即将下雨之前，此时水中严重缺氧，小泥鳅很难受，迫使它一个劲地上下乱窜，犹如在表演水中舞蹈，这正是大雨降临的前兆，因此西欧人称泥鳅是气候鱼。冬季水温低于6℃河湖封冻以及夏季水温高于32℃时泥鳅就钻入

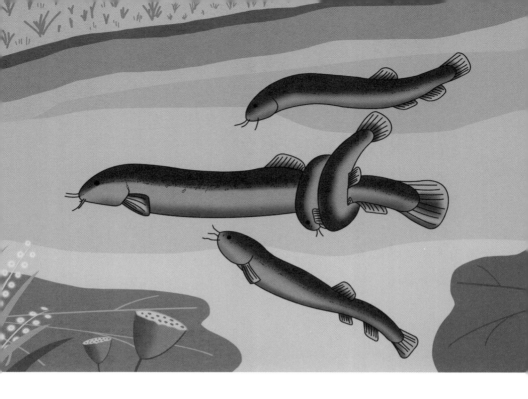

泥土中，依靠泥土中极少量的水分使皮肤不至于干燥，此时它靠肠进行呼吸来维持生命。待温度适宜时再出来活动。南方有水稻田的区域，春季在没有水的水稻田耕田时，可看到有人在捉泥鳅，或有吃鱼的鸟在吃泥鳅。

泥鳅的婚育有同其他鱼类一样的地方，如泥鳅性成熟后，每年春季，当水温达到18℃时就到水草繁盛的水域产卵繁殖。性成熟的雌雄泥鳅，在草丛微流水处互相追逐，若发现雌雄鱼追逐渐频繁，有雄鱼将身体蜷曲绕住雌鱼、雌鱼呼吸急促等现象，就说明要开始产卵排精。泥鳅强行婚配的现象比较特殊，雄鱼将身体蜷曲绕住雌鱼身躯，雌雄鱼生殖孔相对。泥鳅的产卵时间，在长江流域一般从4月上旬一直持续到8月上旬，其中5—6月是繁殖高峰期。在6月之前，泥鳅大多喜欢在降雨后或涨水时的晴天早晨产卵，6月以后，则常在傍晚产卵。泥鳅产黏性卵，卵黏附在水草上孵化。泥鳅属分批性产卵的鱼类，体长8～10厘米的个体，怀卵量为2 000～7 000粒；体长15厘米的个体怀卵量为1.5万粒左右，体长20厘米的个体怀卵量可达2.4万粒。雄鱼在体长6厘米左右时便能排出成熟的精子。在水温24～25℃时，孵化时间为30～35个小时。刚出膜的鳅苗，呈透明的"逗点"状，苗细小。孵化后55～66个小时，体长5.3毫米左右时，卵黄囊全部消失，此时可开始主动摄食。

当今人们吃的泥鳅大多数是人工养殖的，依靠模拟自然生态进行人工繁殖。首先挑选性成熟的泥鳅，进行人工催产，然后放入设置有鱼巢的环境中。泥鳅互相追逐，发情进入高峰阶段，雄鱼就将身体蜷曲绕住雌鱼身躯，进行强行婚配，不久即将卵产到鱼巢上。黏在鱼巢上的受精卵孵化后，经苗种和鱼种培育阶段，然后进入成鱼养殖阶段，养成商品鱼后出售。

12 忠于伴侣的雌性海马

海马因为生活在海洋中，头像马，故名海马，实际上它也是一种鱼。在中药店，海马可是一味名贵的中药材，向来有"南方人参"之称。在医药领域，海马的主要功能是补肾壮阳、镇静安神、散结消肿、舒筋活络、止咳平喘、强心、催生。李时珍在《本草纲目》中称海马有"暖水脑、壮阳道、治疗疮肿毒之功效"，对神经系统的某些疾病，疗效更为显著，其代表方剂有"海马汤"。全世界海马的种类有32种，我国有6种，以斑海马、大海马和日本海马最为有名。由于中药材市场对海马的大量需求，以及宠物市场和旅游纪念品等产业的

发展，捕捞的海马已远不能满足市场的消费需求，而且大量捕捞加剧了海马资源的衰退速度，目前市场上供应的海马主要来自人工养殖。

海马游泳速度慢，抗敌本领差，生活在错综复杂的海洋环境中，只依赖它所具有的保护色和拟态来防避敌害的侵袭，以保护其生命。在一般情况

奇妙的鱼宝宝诞生记

下，海马体表的颜色变成和栖息环境相似的颜色，以免被敌害发现。同时有些种类在身体的环节突棘上能长出树枝状的线体物，借此物在水中摆动，迷惑敌害并能诱惑饵料生物，以利于捕食。在水质变劣、氧气不足或受敌害侵袭时，海马往往由于咽肌伸缩发出咯咯声音，但海马摄食水面饵料时也会发出声音。雄海马的腹部有一个育儿囊，为孕育小海马之用，故怀孕的是雄海马，并不是雌海马，正好与其他孕育产仔的鱼相反。

　　海马对伴侣非常忠诚。生物学家研究发现，每天早上，雌海马总是在黎明前的几个小时准时拜访雄海马。雌海马在海草丛中漫游，途中经过许多雄海马的领地，但她从不旁顾，直奔她的伴侣。打过招呼之后，海马"情侣"开始表演一种温柔的舞蹈，它们的尾巴缠绕在一起，在海草中"散步"。"恋爱"一段时间后，性成熟的雌雄海马进

入发情阶段，一般在早晨发情交配，此时往往双双并列、追逐、急速游动，这时是雄鱼追雌鱼，体色迅速变化，体表原来的黑色素收缩退减，而呈黄白色，兴奋达到高峰时，雌雄鱼体紧紧靠近，腹部相对游动，雄海马腹部变弯曲，雄海马肛门后端的育儿囊1：1张开，并与雌海马的生殖孔靠近，此时，雌海马通过产卵器把卵排入雄海马的育儿囊中，并在此刻受精。一般产卵时间很短，不超过一分钟。卵子受精后，在水温及其他条件适宜时，受精卵在育儿囊中发育，雄海马的肚子逐渐膨胀，经过8～20天，待小鱼发育完善，雄海马就开始分娩——雄海马将尾部卷住海藻，本能地靠腹肌的收缩力量，将身体一仰一伏，把海马仔一尾接一尾地弹出。刚出生的小海马体长约6毫米，当它遇到危险时，就会钻进育儿囊躲藏起来。海马每胎可产仔百尾至上千尾，在加勒比海地区的海马最大的育儿囊可容纳超过1500个幼仔。

产出幼苗后的雄海马，在水温适宜、饵料充足的环境中又能迅速发情交配。海马仔经过100天的生长发育达到性成熟，加入到海马繁殖群体中，周而复始，一代一代繁衍下去。

13 筑巢婚育的"工程师"

一般人都不敢相信，还有像蜂鸟一样的鱼，会筑椭圆形吊着的巢，作为婚育的"洞房"。先来认识一下这种鱼：刺鱼类按背鳍棘的多少可分为7～8种，都有筑巢婚育的本能。其中三棘刺鱼有3种，它的主要特征是背鳍鳍棘有3枚，背鳍鳍条9～10个，臀鳍1棘10鳍条，胸鳍10鳍条，腹鳍1棘2鳍条，鳞板数32。通常雌雄鱼体色呈灰绿色，有暗绿色的不规则的纵条横斑直至尾柄部，只有在繁殖季节雄鱼腹部能变成鲜艳的桃红色。三棘刺鱼的棘主要是防止被其他鱼类伤害，谁胆敢吃它，就自食其果，它会将三枚棘伸展开来刺入贪吃者的口腔内，甚至最后同归于尽。三棘刺鱼一般栖息在有微水流、底质为泥或沙泥、多草的沟渠、河塘和湖泊等水域，喜群居，集体行动力量大，以抵御外敌和围捕其他鱼类刚孵出来的幼鱼。

会在繁殖季节筑巢的是雄鱼，而雌鱼"坐享清福"，所以在这个季节雄鱼最忙碌。首先要选择一个适合建筑"洞房"的地方，最佳的是水草茂盛或岸边乱石构筑的有缝隙的水域，地方选好后，三棘刺鱼用嘴衔着搬运筑巢材料，有植物的根、茎、叶及其碎片，将短小柔软的碎片放在里面，大的植物根茎碎片放在外面，用自己肾脏中分泌的黏液，将建筑材料黏在一起，在黏合的时候，它能按照自己设计的"图纸"造出一个前后各有一个出口的非常坚固而漂亮的鱼巢。它还怕不结实，一次又一次地往巢上泼水，泼完水又要马上用自己的身体摩擦巢壁，就这样经过反复摩擦，巢壁变得既光滑又发亮，"洞房"建设才算完工，筑巢一般需要4天左右的时间，长的要一个星期。鱼巢的一般直径为3～4厘米，悬吊在位于水面下几厘米的水生植物分枝下或在两株水生植物中间，少数悬吊在水面下几厘米的石缝中。"洞房"竣工后，雄鱼就去寻找合适的对象，要引诱雌鱼入"洞房"婚配，首先是拦住雌鱼，然后向它求爱，雌鱼同意后，也会向雄鱼靠拢，头部触碰雄鱼的腹部，而雄鱼也会触碰雌鱼的腹部，并逐渐诱导雌鱼靠近鱼巢，当发情达到高峰时，雄鱼停留在进口上方，让腹部膨大即将产卵的雌鱼进入鱼巢，当雌鱼进入并从出口出去时，由于挤压腹部，而将卵子产在巢内，雄鱼随即跟在雌鱼后面进去，待雌鱼产卵，雄鱼接着

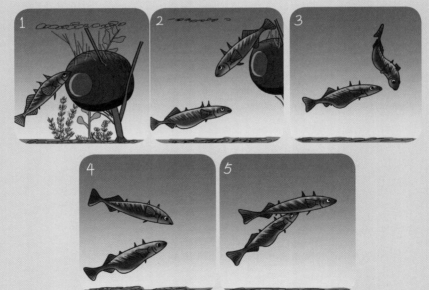

排精，受精卵就在巢内孵化。然后修复由于挤压雌鱼腹部造成的出口破损处，修复好后，又去寻找合适的雌鱼，4～5日内要引诱3～10尾雌鱼入巢产卵，每引诱1尾雌鱼要修复1次，每尾雌鱼能产卵70～150粒，巢内共有卵400～1 200粒不等，最后雄鱼排精后将入口直径缩小为5毫米，然后就在鱼巢下守卫，并经常用胸鳍向鱼巢内输送新鲜的水，并使鱼巢内的水微微流动。受精卵一般10天左右孵化，孵化后一周主要靠自身卵黄提供营养，2～3天后在巢内活动，若小鱼游出巢外，雄鱼就用嘴把小鱼捉住，放回巢里，直到小鱼有充分的游动能力后出巢，在巢的周围活动摄食轮虫等小型浮游动物，雄鱼才不再去约束它们的活动。20天后鱼苗完全独立，雄鱼的守巢保护子代的任务结束。

14 泡沫下的婚姻

　　中华斗鱼、圆尾斗鱼、泰国暹罗斗鱼等，顾名思义，许多人认为"斗鱼"生性好斗，但实际上只是雄鱼好斗，两雄相遇，即会展开鳃盖、竖起鳍条，各自准备冲向对方，像个武士，威风凛凛。靠近后就互相撕咬对方鳍条等，激烈的搏斗结束后，往往双方都伤痕累累，失败者甚至被咬死，惨烈牺牲。为了避免雄斗鱼之间互伤，将水族箱用玻璃隔开，再在两边各放入一尾雄性成年斗鱼，二鱼可见不可及，双双发怒，鳃盖张开，各鳍抖动，体色更加鲜艳，十分英俊雄美，各自做好"战斗"准

1

2

备，以威慑对方，只可惜无法"交战"，令人赏心悦目。更有趣的是，若在水中竖一面镜子，雄斗鱼也会对自己"怒发冲冠"，此时此刻真令人捧腹大笑，所以雄鱼更具观赏价值。另外斗鱼体色多样，有鲜红、紫红、艳蓝、草绿、淡紫、紫蓝、深绿、墨黑、乳白、杂色等多种色彩，故是一种观赏性很强的鱼类，市场价格不低。实际上斗鱼原野生品种体色为暗红色，各鳍均为蓝色，眼睛黑色有光泽。现在见到的斗鱼大多为人工培育品种。从鱼苗到性成熟只需要4~8个月，斗鱼个体不大，大的只有8厘米，属小型鱼类，鱼体呈侧扁纺锤形，尾鳍、臀鳍和背鳍宽大，因尾鳍像一个火炬的形状，故又称之为火炬鱼。雌鱼比雄鱼个体略小，各鳍也不如雄鱼发达，色泽较浅。该鱼属泡沫型产卵鱼类，繁殖季节在5—6月。

斗鱼婚育前首先要寻找一个适合筑泡沫婚巢的场所，有水

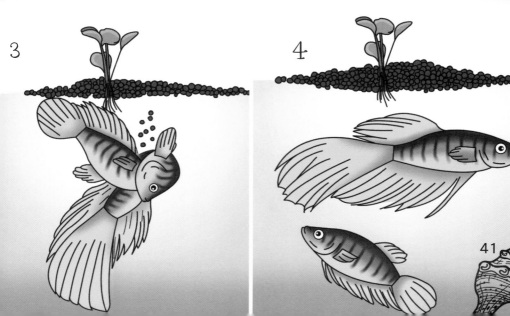

浮莲或有须根的水生植物水域，其水上的叶茎有助于构筑泡巢，而水中稠密的丝状根，可以为雌鱼在婚配前后提供良好的躲避场所。建筑泡巢的地方选择好后，雄鱼就开始筑泡巢，雄鱼会不断从水面吞吸空气，然后在水生植物的叶茎下，不断吐出气泡，聚集成泡巢。有意愿相配对的雌鱼则躲在一角"袖手旁观"。等泡巢筑好后，它才不时游近浮巢参观一下"婚床"。但雄鱼并不买账，对雌鱼要进行选择，对不能满足雄鱼要求的雌鱼，雄鱼会不断追咬和驱赶；对于喜欢的雌鱼，雄鱼会对它百般体贴，不断地做出求爱动作，两鱼有一定默契，就算配对成功。然后，两鱼就会在水面上开始绕圈圈，经过几次尝试，发

情达到高峰时，雄鱼弯腰呈"U"字形抱住雌鱼，并将雌鱼腹部翻转朝向泡巢使雌雄鱼的泄殖孔同向相对，在雄鱼挤压下，雌鱼产卵雄鱼排精。对于没有进入泡巢的受精卵，因受精卵比水的比重大一点，就往下沉，这时雄鱼会立即放开雌鱼，用口将一颗颗的受精卵衔入泡巢中。不久雌鱼也从欢愉的恍惚中清醒过来，短暂的展鳍显摆后又绕着圈圈重复上述动作进行多次交配，持续时间可达1～3个小时，当雌鱼产完卵后，雄鱼就会将雌鱼赶走，自己在泡巢下守卫，保护它的子代。在水温28℃时一般24小时就能孵化出鱼苗，待鱼苗能独立活动后，雄鱼就完成了保卫任务而离开泡巢。

以泡巢形式婚育的还有天堂鱼、黄鳝等。

15 口中孵育子代的爱心"妈妈"

罗非鱼是出口创汇的主要鱼类，加工成鱼片出口美国市场，销量较大，商品价值高。但罗非鱼性成熟早，繁殖快。以上海为例，罗非鱼在孵出后3～4个月，体长9～14厘米时达到性成熟，繁殖次数每年可达5～6次，繁殖期为5—9月。罗非鱼繁殖过多，小鱼与商品鱼竞争饵料和空间，不仅降低了罗非鱼的质量，也影响商品鱼的生长。为了解决罗非鱼的过度繁殖问题并充分利用鱼类单性养殖生长快的特点，提高鱼产量、改善商品鱼的质量，国内外一般采用杂交方法获得全雄鱼进行单性饲养。

当水温在20～36℃时，性成熟的雄鱼离开群体，摆动尾鳍挖产卵坑，并用口将泥沙及硬物衔到坑外。产卵坑的大小同亲鱼的大小有关，一般亲鱼个体大，挖的产卵坑也大，反之则小。产卵坑由雄鱼挖成，有的直径达45厘米，深约14厘米。挖坑时，雄鱼若受惊则离窝远游，但不久又返回。如有其他雄鱼游近，则出而驱逐。繁殖期，雌鱼集群，雄鱼将产卵坑挖成后，就游到雌鱼群中逗引雌鱼，将雌鱼引入产卵坑。产卵的适宜水温为22～33℃。产卵时，雌鱼腹部靠近坑底，雌鱼产卵后，立即将卵衔在口中，守在穴旁的雄鱼开始排精，雌鱼又把精液吸进口中，在口腔中完成受精。卵随着亲鱼的呼吸而翻动，以保证受精卵有良好的环境孵化。

奇妙的鱼宝宝诞生记

受精卵在雌鱼口腔内孵育时间长短同水温有关，水温30℃左右时，约4～5天孵出仔鱼。刚孵出的仔鱼仍在雌鱼口腔中，以保护仔鱼不受敌害的侵袭或因环境不适而死亡，直至仔鱼的卵黄囊大部分被吸收，并且有一定的游泳能力时，仔鱼才短时离开雌鱼的口腔。此时雌鱼的口唇呈明显的黑色，仔鱼聚集成群，自由游动摄食，雌鱼在仔鱼的下方，对游近仔鱼的其他鱼类进行驱赶。若遇危险，雌鱼游向仔鱼，仔鱼密集于雌鱼的口旁，雌鱼迅速将仔鱼吸入口腔内，待危险消除后，再将仔鱼从口中吐出。直到仔鱼的游动范围逐渐扩大，能独立生活，雌鱼才离开仔鱼。雌鱼因口育繁殖不能摄食，要长时间忍受饥饿的痛苦。

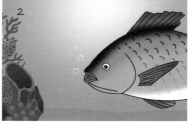

　　具有口育繁殖习性的鱼类还有细条天竺鱼和半线天竺鱼等，这种鱼的卵膜有特殊的胶质丝状突起，彼此紧密聚成一团，受精卵一般由雄鱼含在口中孵化，个别也有雌鱼衔卵的。

16 互惠互利的鳑鲏和河蚌的繁育

　　鳑鲏是小型的观赏鱼类，因为体色艳丽又容易饲养深受鱼友青睐。这种鱼在全国各大水系都有广泛分布，6月到8月间，幼年鳑鲏经常集群在水体上层或者流水口处觅食，很容易用纱网捞到。幼年时代的鳑鲏生活在水质清澈、含氧量高且有一定流动性的水体中。鳑鲏性成熟早，幼鱼超过四月龄就出现第二性征，即雌鱼产卵管开始从泄殖腔口延伸至体外，而雄鱼背脊上的鳞片开始出现金属光泽，雌雄间的体形差异日益明显，而雄鱼也开始频繁地追逐靠近自己的其他个体，具有一定的攻击性。雌鱼性格较为温和，一般不会攻击其他个体；而雄性个体之间的攻击行为随着鱼的成长会越来越多，但又不同于斗鱼，双方斗得遍体鳞伤，这种攻击还比较文明，优胜劣汰，那些个体最大、体色最艳、潜质最佳的雄性个体自然地胜出。然后到雌鱼群体中寻找配偶，通过驱逐弱小的个体，留下身体强壮、体色艳丽、产卵管粗壮、腹部膨大、即将产卵的个体，然后带着它的"妻"，成双成对，一前一后，雄上雌下，不离不散，拟是水中鸳鸯，去寻找"产房"即水底下的河蚌。最适合中华鳑鲏产卵的河蚌为5～8厘米宽的背角无齿蚌或圆顶珠蚌。一旦发现河蚌，雌鱼快速接近河蚌，同时伸出产卵管，插入河蚌的入水孔中，把卵产在河蚌的外套腔里。随后，雄鱼也迅速接近河蚌，在蚌的入水孔附近排精，使精子随水流进入外套腔使卵受精。

受精卵依附在河蚌鳃瓣间进行发育。一般河蚌在自然状态下插入泥中，摆出非常方便鳑鲏利用的姿势，其实这正是它自己滤水找东西吃的姿势，即使蚌是"平趴"着的，鳑鲏一样可以将卵产到里边去，因为雌鱼的产卵管在真正排卵时可不像平时见到的那样软，在卵子进入产卵管后整条管子会处于一种类似于"勃起"的状态，变直变粗，方便伸入河蚌的鳃口。繁殖期过后雌鱼的产卵管萎缩，下次产卵时又逐渐伸长。25℃下，2次产卵间隔约10天左右。

由于河蚌不断吸水，氧气供给充足，加上贝壳的保护，鳑鲏的受精卵在蚌壳内无忧无虑地生长发育，直到孵化成幼鱼，大约一个月后，鳑鲏小苗才会离开河蚌，独立生活。河蚌在收养鳑鲏后代的同时，也把自己的子女托付给鳑鲏抚养。当鳑鲏从河蚌的身旁游过时，由于水的振动刺激了河蚌，它就把大量的钩介幼虫从出水孔排出来钩附在鱼体的鳃或鳍上。由于鱼体受到钩介幼虫的刺激，很快形成一个个被囊，把幼虫包裹起来。幼虫靠寄生吸取鱼体的养分发育，经2～5周，形成幼蚌，破囊离开鱼体，沉入水底生活。所以鳑鲏和河蚌是互惠互利共同进化的典型例子。

此外，高体鳑鲏、兴凯鱊、大鳍鱊也将卵子产在河蚌鳃腔，而生活在海边的一些虾虎鱼、鳚鱼等，它们将卵产在胎贝、牡蛎的空壳内。

17 以树叶为"产房"

在南美洲北部，亚马孙河周围水域有一种数量惊人的小型脂鲤，人们称为亚马孙脂鲤。这种鱼以一种特殊的生殖方式把鱼卵产在树叶上，树叶悬于半米高的水面上，几乎隔绝了所有天空中、陆地上以及水里的天敌，保障了其后代的繁盛。这种鱼的繁殖季节一般在雨季，河水上涨，生长在沿岸的阔叶树的树叶离水面越来越近，为这种以树叶为产房的脂鲤提供了繁殖条件。

脂鲤性成熟后，首先"夫妻"双双去寻找合适的有大树的水域。当它发现有伸到水面的树枝，再选择合适的树叶作为产房，作为产房的树叶一般离水面不超过50厘米，然后雄鱼跳跃起来贴近树叶观察其是否适合做产房。它们喜欢有保护作用的树叶，而且叶子表面要容易附着东西。选择好后，这对"伉俪"在选好的树叶下紧挨着，雌鱼用头轻轻地碰了碰雄鱼，给他一个信号，然后倾尽全力，尾巴一起摆动推动着它们跳跃到树叶靠水一面，将它们的身子紧紧黏附在叶片朝下的一面，将卵产在上面，雄鱼同时排精。随后，它们一直待在这里，不间断地甩动尾巴，以便激起水花溅到树叶上的卵上面，保证卵始终处于湿润的状态，直到小鱼孵出落到水里。这种鱼数量多，会成群结队找寻产卵水域，找寻到合适水域后，观察合适的产房，

奇妙的鱼宝宝诞生记

48

进行双鱼跳跃产卵等动作，拟是一场跳跃比赛，其景观引人注目。

据有关资料报道，在非洲内陆的水域中，有一种只有10厘米左右的小鱼——非洲鲋鱼，也有将卵子产在树叶上的习性。正因为选择了这种独特的孵化方式，非洲鲋鱼的庞大数量才有了绝对的保障，一条河流中其他所有鱼类的总量还不及它们的一半呢！

18 在树上婚育的奇鱼

在云南腾冲西北有一条槟榔江，两岸是一望无际的原始丛林，江里有一种奇鱼，叫石扁鱼，也叫石贴子、老虎鱼、刺古头等，体长约10厘米，而它的嘴变成了一个扁平的吸盘，依靠这个吸盘它能爬到树上去，这种鱼为什么要上树？据了解，这种鱼在江水中不能产卵，由于水流太急，鱼卵无处附着孵化，更为主要的是，别的鱼类比较喜食这种鱼的鱼卵。久而久之，这种鱼便学会了上树"技能"以进行婚育。江水暴涨的刺激，促进了石扁鱼的性成熟，这种鱼就趁此机会游上水面，一是为了躲避浑水，更主要的是随着江水升高，雌雄鱼成对地吸趴于被江水淹没的树上，准备产卵。随着江水渐渐降落，这种趴在树干上的鱼也露出了水面，趴在树干上心安理得繁殖后代。随

着气温升高，江水继续上涨，它在树上产出的卵便会孵化，仔鱼破卵游入水中，靠此绝招，这一特殊的鱼类便世世代代繁衍下来。

沿江的人们，利用石扁鱼这种生态习性进行捕捞。每到雨季，一般在春夏之交，江水暴涨淹没两岸的原始丛林时，正好是石扁鱼的繁殖季节，石扁鱼便从水中沿树干攀缘上树，一串串悬挂于树枝上。江水渐渐降落之后，捕鱼人只需悄悄走近，用网兜在树下接着，再用长杆在树上敲打，鱼儿便纷纷落网。石扁鱼肉质细嫩，刺少肉多，其味鲜美无比，或煎或煮或炖或烧，都有独特风味。尤其是当地有名的特色菜江水煮石扁鱼更是美味。当地人就地取槟榔江的水，配以当地特有的酸笋、老缅芫荽、花椒、小米辣等佐料，做出来的鱼汤味道格外鲜美，汤中的石扁鱼酸鲜甜润，滑而无刺，实属菜品中之极品！

自古以来只有在水里捕鱼哪有树下也有鱼捕的，说来确实使人难以相信。这下你信了吗？

除了石扁鱼能上树外，生活于红树林中的弹涂鱼，也能将腹鳍作为吸盘，用来抓住树木，用胸鳍向上爬行。弹涂鱼的鳃周边长有小口，可以盛住一次呼吸的水。所以它们能爬上树，能在涨潮时待在水域外。还有一种会爬树的鱼，它的名字叫"攀鲈"。攀鲈的身体很小，大约只有100毫米左右。因为攀鲈的鳃很发达，能够呼吸空气，所以，它离开水很长时间，也能够活下去。这种鱼专吃水里的浮游生物，像小鱼、小虾、昆虫等。如果河水干涸了，找不到吃的，它们就会爬树，到树上去寻找一些小昆虫当粮食。像弹涂鱼、攀鲈等鱼上树，并不是为了繁殖，而是为了寻找食物，填饱肚子。

奇妙的鱼宝宝诞生记

19 可干燥保存邮寄的鱼卵

在非洲和美洲的干旱季节里，在干涸的小水洼、小水潭和小池塘的底部，只要挖取部分底泥，就会在底泥中发现鳉鱼的卵子，放入水后就有一小部分的鳉鱼孵出。此时将已孵出的仔鱼分隔开来，将其余的泥炭土轻轻沥干水分后，再干燥2～3天，继续重复下水孵化的动作，重复3～5次才能将大部分的鳉鱼卵孵完。人们利用这个习性，将干燥保存的鱼卵邮寄到异国他乡，作为观赏鱼孵化繁育子代，供给观赏鱼饲养者饲养观赏。鳉鱼不仅有着娇小玲珑的体态和鲜艳亮丽的体色，更因其独特的繁殖方式而受到无数鳉鱼迷的宠爱。

鳉鱼在原产地南美洲、北美洲和非洲的热带、亚热带区域的雨季和干旱季节交替出现，雨季时，因为鳉鱼的生存能力特强，在江河、湖泊、池塘等大型水域中有分布，而且喜欢去沼泽地、小水洼、小水

潭中取食和繁殖，全长25毫米以上即可性成熟，生殖力很强，产卵期为5月下旬至8月。因为鳉鱼数量很多，会成群结队出现在这些很浅的水域中，常游于表层，受惊会潜入水中，平静后又浮上来。繁殖前首先进行配对，一般情况下，雌鱼会选择那些身体大部分是橙色的雄鱼进行交配；但是，当出现情敌时，雌鱼便会放弃这一原则，转而会选择那些被其他雌鱼盯上的雄鱼，哪怕这些雄鱼身上的橙色并不是很多。此时雄鱼从雌鱼腹下游上来，与雌鱼并行，冲入土中完成交配繁殖的动作。雄鱼体弯曲侧倒，生殖孔靠近，开始排精，并直接将其埋于泥土中。在人工饲养条件下，将泥炭土装于较深的容器中，深度5～7厘米，放置于繁殖缸中的角落，成熟的雌雄鱼会结伴冲入土中进行交配繁殖。随着旱季的到来，在雨季中由雨水汇集而成的小水塘迅速干涸，其中的鳉鱼也随之走向生命的尽头，但它们的

奇妙的鱼宝宝诞生记

鱼卵却完好地保存在干燥的泥层中，度过数月漫长的等待。当甘霖再次浸润大地的时候，幼鱼纷纷破土而出，人们一般称这样的鳉鱼为一年生鳉鱼。它们的鱼卵必须经过较长时间的干燥贮存（1～8个月），还要重复几次浸泡—干燥—浸泡的过程才能正常发育。并非所有的鳉鱼都只有一年的寿命，原产地严酷的自然环境迫使某些品种的鳉鱼走上了一条独特的生存之道。这是对恶劣干旱环境的适应，以便延续后代。

基于鳉鱼具有易饲养、繁殖周期短等特点，科研工作中越来越多使用鳉鱼作为实验材料。例如随着环境污染的加剧，科学家使用鳉鱼来评价重金属铜以及水体微塑料等对水生生物的影响。此外由于一些鳉鱼会表现出加速衰老的特点，并且在组织学和行为学上表达衰老相关的生物学标记，因此鳉鱼也是研究衰老的良好模型。

20 轮流做"新郎新娘"的鱼类

　　轮流做"新郎新娘"在鱼类中并不少见，即在同一鱼体的性腺中同时存在卵巢组织和精巢组织，最典型而奇特的是鮨科中的一些鱼，如亚鮨鱼，它属于雌雄同体鱼类，拥有着两种生殖器，而且每天都在变换自己的性别，有时候高达20多次。但是它并不会自己受精，亚鮨鱼频繁的改变自己的性别就是为了繁育后代，就连生物学家都说亚鮨鱼是一种痴迷变性的鱼类。当它们碰上的是雄性的伴侣鱼的时候，就会变成雌性，而当它们碰上的是雌性的伴侣鱼的时候，会转变为雄性。如果亚鮨鱼是雌性的状态，那么它只会产一次卵，不会有连续两次产卵的事件发生，也就是说，只要亚鮨鱼在雌性的状态下产过一次卵之后，就会变成雄性的状态，如果再继续产卵的话，只有它和另一条亚鮨鱼相互交换性别，但有极少数鮨科鱼，如九带鮨、斑鳍鮨等是永久性雌雄同体，而且能自行受精。

　　除鮨鱼外其他如鲱鱼、鳕鱼、黄鲷、鲽鱼、黄鳝等鱼类中亦有类似的现象，它们的生殖腺可能一边是卵巢，而另一边是精巢，或者是一边或两边同时存在雌雄性腺组织，如狭鳕（明太鱼）的生殖腺上半部为卵巢，下半部为精巢，或一侧为卵巢，另一侧为精巢。黄鲷也有类似情况。鱼类性腺发育中另一特殊的现象就是个别鱼类性腺有逆转的情况。例如黄鳝，从胚胎期

奇妙的鱼宝宝诞生记

一直到2龄前，全是雌性，到3龄成熟产卵之后，卵巢内部发生了变化，开始转入雌雄同体阶段（既有卵巢又有精巢），少数逐渐变成精巢出现雄性个体，4～5龄大部分为雄性，6龄后全部逆转为雄性，这种雌雄生殖腺转变的现象称为性逆转。大西洋百慕大的灰石斑鱼也有同样现象，幼鱼到性成熟期为雌性，繁殖以后就转变为雄性。因此大的石斑鱼为雄性，小一些的石斑鱼一般为雌性。这些现象表明，鱼类的性腺在发育过程中，雌雄激素可能同时存在，经过分化，其中雌性或雄性的激素才突出和稳定下来。有人对尚未成熟的幼鱼用雌性或雄性激素处理，都能得到预期的结果，即雌性激素可使精巢全部转变为卵巢，反过来也是一样。

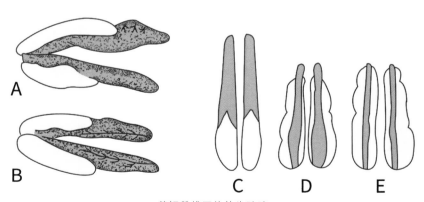

黄鲷雌雄同体的生殖腺
A.生殖腺的背面观　B.生殖腺的腹面观
C.D.E.不同形式的雌雄同体生殖腺，白色部分为精巢

21 凶残的"母老虎"

　　雌性狗鱼被人们称为"凶残的母老虎"，其恶名是由繁殖季节凶残行为而得。狗鱼的繁殖季节在4月至6月初，水温为3～6℃，在繁殖季节停止摄食。一般在水深为0.5～1.0米且有水草的场所产卵，产卵高峰期为一周。如果不是在生殖阶段，雄鱼不敢靠近雌鱼，否则会被雌鱼吃掉。在发情高峰期，雌鱼无规律地游得很快，异常游动后进入杂草丛生的地方，一动不动，随之雄鱼追逐过来并小心翼翼地游向雌鱼。此时雌鱼又快速游动起来，将看不顺眼的瘦弱的雄鱼赶走，留下来的强壮雄鱼将雌鱼包围起来，然后雌鱼极度兴奋地在前面游动，雄鱼在后面追逐。这时雄鱼会不断地在一起盘桓、搏斗、厮杀，然后又去追赶游远了的雌鱼。雌鱼疲乏时，就停留在草丛中，开始不停地翻转并不断地增加翻转的速度。此时雄鱼靠近雌鱼，随其翻滚，有时还会跳起来，并用身体顶撞雌鱼。大约15分钟，雄鱼开始排精，紧接着雌鱼也排卵，当雌鱼产卵快结束时，一尾尾雄鱼慌忙逃离，以免被雌鱼咬伤。雌鱼会吃掉自己产下的卵和逃避不及的雄鱼。

　　世界上的狗鱼多达8种，我国分布有2种，主要分布于黑龙江流域，此外，新疆额尔齐斯河流域生活着另一种白斑狗鱼，区别在于其体侧斑点是淡蓝白色的。一般狗鱼体长在600毫米左

奇妙的鱼宝宝诞生记

右，体重在1 000 ～ 2 000克，最大的个体体重可达16千克以上。狗鱼性情凶猛残忍，行动异常迅速、敏捷，每小时大概能游8公里以上。这与它的侧线构造有关，狗鱼的侧线实际上为一列具有纵沟纹的鳞片，它不仅可以起着普通侧线震动感受点的作用，还能起到化学感受点的作用。同时，狗鱼还有着极为灵敏的视觉，这样就使得狗鱼能非常迅速地感受到猎物的来临。狗鱼捕食时异常狡猾，每当狗鱼看到小动物游过来时会"耍花招"，用肥厚的尾鳍使劲将水搅浑，把自己隐藏起来，一动不动地窥视着游过来的小动物，到达一定距离时就突然一口将其咬住，接着三下五除二将小动物吃掉一大半，剩余的部分挂在牙齿上，留待下次再吃。除了袭击别的鱼以外，还会袭击蛙、鼠或野鸭等。据说一天可以吃掉和自己体重相当的食物。它有着明显的洄游规律，春季解冻后游向上游河口沿岸区域或进入有水下陆生植物的小河口、泡沼产卵，产卵结束后分散育肥，冬季进入大河深水处越冬。但幼鱼性情温顺常成群生活，成鱼则单独栖息。

狗鱼肉厚刺少，肉质细嫩洁白，味道极佳，是主要经济鱼类之一。因其肉味极佳，所以是垂钓的好对象，但狗鱼卵有毒，不宜食用。

22 带着雄鱼在黑暗中婚育

角鮟鱇是带着雄鱼在黑暗中婚育的。角鮟鱇属硬骨鱼纲鮟鱇目的角鮟鱇亚目，有11科34属约110种，统称角鮟鱇。角鮟鱇为暖水性深海鱼类，广泛分布于各大洋，南、北半球高纬度地区也有少量分布。一般栖息于大洋中水深500～2 000米处，少数种类的幼鱼仅栖息于大洋中水深100～300米处。在中国海域已有2属2种的分布记录，分别是角鮟鱇属的霍氏角鮟鱇和密棘角鮟鱇属的密棘角鮟鱇，见于南海和台湾海域的深水中，像海底幽灵一样生存在孤寂且漆黑的海底。

人类对鮟鱇的科学研究起始于19世纪，经研究鮟鱇有"三大怪"，第一怪是它发出的声音似老人咳嗽，所以又称"老人鱼"；第二怪是在它的背部有一条很奇怪的鳍棘，这条鳍棘原是背鳍的一部分，后来渐渐变化而成一根长而柔软"鱼杆"状的东西，在这根"鱼杆"的顶端还吊着一个小囊状的

皮瓣。鮟鱇的腺细胞分泌液含有一种磷脂，这个磷脂就叫荧光素，荧光素在催化剂荧光酶的作用下，会和血液中的氧化合，发出各种各样的荧光。鮟鱇常常伏在海底，用沙土把身体埋住，仅伸出它的"鱼杆"，其顶端囊状的皮瓣，发出各种各样的光色来引诱在附近游动的小鱼，一旦"鱼杆"把小鱼"钓"到它的大嘴附近，鮟鱇就张开大嘴很顺当地把小鱼吞食下去。如果有大鱼过来，它马上把光色去掉，灭掉以后，别的鱼看不到它在这里，就保护了自己。鮟鱇胸部有一对非常宽大的鳍，像它的双臂一样，可以撑起它的身体，鮟鱇常借助胸鳍在海底做跳跃运动。由于鮟鱇用它那特殊的"鱼杆"捕

捉小鱼的方式和能在水底跳跃的本领，人们称它为"奇异的渔夫"。

第三怪就是带着雄鱼在黑暗中婚育，即性寄生。这一发现纯属偶然，动物学家在研究鮟鱇时没有发现一条鱼是雄的，这实在令人费解。直至20世纪20年代，生物学家发现一条雌性鮟鱇身上有2条比它小许多的鱼，利用口鼻部黏附在雌鱼的小腹上。最初他们觉得这类小鱼可能是雌鱼的鱼苗，但是这类照顾鱼苗的方式又太特别了。又过了2年，谜题终于解开，生物学家发现这类小鱼并不属于别的物种种群，也不是雌鱼的鱼苗，这就是雄鱼。

它生长在黑暗的大海深处，行动缓慢，又不集群生活，所以成熟个体在辽阔的海洋中很难找到配偶，为了克服这个困难，雄鱼一经出世，一旦遇到雌鱼，就立即"订婚成亲"，不管好坏，总是"一见钟情"，此后，雄鱼就终身附着在雌鱼身上，永不分离，"白头偕老"，雄鱼一生的营养也由雌鱼供给。例如在体长1 030毫米的角鮟鱇雌鱼的腹部附着有两尾长85毫米和88毫米的雄鱼；在太平洋捕获的一尾长70毫米的尾树须鮟鱇雌鱼腹部附着有3尾雄鱼，每尾长约18毫米。久而久之，鮟鱇就形成了这种绝无仅有的配偶关系。因为雄鱼个体与雌鱼相差悬殊，难怪生物学家刚开始研究时没有发现雄鱼。

雄鮟鱇出生后，头等大事就是找对象，它们得赶快找到一条雌鮟鱇，如果长时间找不到，它们就会饿死。雄鮟鱇找到雌鮟鱇之后，就紧紧咬住对方的头、腹或鳃，再也不肯松口，并且使自己的血管与雌鱼的血管彼此相通，终生依靠从雌鱼的血

奇妙的鱼宝宝诞生记

液中吸取营养。它们靠吸雌鱼的血为生，所以雄鱼体中的一切器官，除生殖器外均已退化。雄鱼睾丸慢慢长大，身体却开始缩小，全身的营养都奉献给了性器官。在繁殖季节，当雌鱼产卵时，雄鱼就排精，卵子受精后孵出鱼苗，有效地解决了在黑暗环境中难以寻找异性交配的问题。所以这种鱼是带着配偶在黑暗中婚育的，雄性鮟鱇只起着为雌鱼提供精子、繁育后代的作用。

23 在海底静悄悄产卵受精、变态成长

　　鲆、鲽、鳎和舌鳎类鱼类肉味鲜美，为消费者所喜爱，是捕捞和养殖的重要经济鱼类，其成鱼扁平卧于一侧，专营近海水底生活，水底一般为泥沙或沙泥底质，觅食底栖的无脊椎动物和鱼类，大多数以蠕虫及软体动物为食。由于其特殊的生活方式，引起了许多器官的不对称发展。眼睛都移至一边，非左即右。口也有变异，有眼侧的口裂及牙齿都小，有眼侧肌肉发达而无眼侧的口裂及颌牙发达，这与取食时无眼侧的牙齿起主要作用有关。鳃孔的构造也不对称，因伏于海底，防止泥沙进入，无眼侧鳃盖不启闭，在鳃盖后方形成一个出水管，其下方鳃膜形成一活瓣，水通过出水管排出。但其仔稚鱼阶段，却与成鱼的形态特征和生活习性完全不一样，在婚育的最后阶段要经过变态发育，才能有成鱼一样的形态特征和生活习性。这类鱼在海底静悄悄产卵受精，静悄悄变态成长。

　　这种鱼的繁殖季节因种类不同而不同。一般认为在繁殖季节它们的栖息场所就是一个很好的产卵场所。在产卵季节，较多的性成熟个体聚集，一片一片的叠在一起，静悄悄的沙泥质海底适于它们繁殖，自然产卵一般在傍晚或早晨进行。雌鱼产卵前频频游离海底，躁动不安，产卵时呼吸加快，急速游至水

奇妙的鱼宝宝诞生记

面，用力将卵子排出体外，分散于水中，产卵时会释放出性信息。雄鱼与雌鱼相反，在接收到性信息后开始排精，排精时异常平静，排精时间没有规律，随时可排。成熟的精液呈白色，由泄殖孔排出，在水中呈烟雾状扩散。它们交配产卵时既无叫声又不追逐，在海底静悄悄的进行。产出的卵子受精后，有些种类的受精卵漂浮于水面，如牙鲆、带纹条鳎等，有些种类的受精卵慢慢下落，黏着于海底沙砾或水中附着物上，如黄盖鲽等。产卵后的亲鱼重新回到海底，静卧，游动少，2～3天后大量摄食。受精卵孵化后，半个月左右的仔稚鱼要进行变态发育，以带纹条鳎为例，孵化后的仔稚鱼体形侧扁，两侧对称，眼睛生于两侧，生活于水体中上层捕食浮游动物，看起来完全不像成鱼，一般半个月左右，开始附壁，并逐渐下沉至海底，将在海底进行变态发育。孵化后17天的稚鱼，全长8.50毫米，左眼位置已开始向上移动，头顶部下陷。孵化后18天的稚鱼，全长10.40毫米，头顶形成一深凹，左眼从凹陷底部上升到头顶，腹鳍出现，尾鳍鳍条形成，肛门前移至胸鳍下方，有眼侧出现4条银色窄横带。孵化后20天的稚鱼，全长12.30毫米，左眼已转过头顶，背鳍前端突出呈三角形，头顶轮廓呈弧形圆突，有眼侧具11条褐色横带，横带间呈银灰色，无眼侧具分散的星状黑色素。孵化后33天的稚鱼，全长14.40毫米，左眼已完全转到右边，背鳍前部突起与眼部和吻部完全愈合，侧线开始出现，各鳍鳍条均已完全发育，有眼侧具16条深褐色横带，尾部出现不规则黄色花斑，无眼侧具分散的星状黑色素。孵化后约2个月的幼鱼，全长34毫米，体两侧鳞片完全长成，但鳞片后部尚无短棘，鳔已退化。约3个月的幼鱼，全长50毫米，外形及色素已基本和成鱼相同，两侧鳞片均已长成栉鳞，至此变态发育全部完成，体形扁平，伏于海底生活成长，直至性成熟后再繁育子代。

有些种类，如舌鳎类的日本须鳎，它们的眼睛移向左边，一般体长11毫米的仔鱼，背鳍最前方2鳍条缩短至与后方鳍条等长，吻钩形成，口端位，右眼开始移动，体两侧色素各异，左

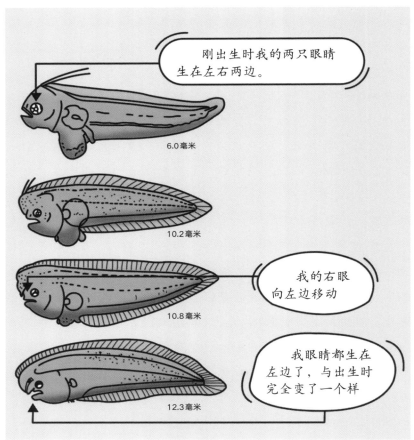

刚出生时我的两只眼睛生在左右两边。

6.0毫米

10.2毫米

我的右眼向左边移动

10.8毫米

我眼睛都生在左边了，与出生时完全变了一个样

12.3毫米

侧小色素细胞增加，呈黑色，鳔消失。体长12毫米的仔鱼，吻
钩下移，口下移，右眼移至左侧，背鳍、臀鳍和尾鳍数已固定。
体长16毫米时，吻突与嘴愈合，前端呈钝圆形，口下位，胸鳍
缩小，有眼侧侧线明显，无眼侧散布黑色不规则斑纹，有眼侧
出现大型淡色斑纹，这时变态发育完成。

　　鳎类鱼形如口舌故名舌鳎，舌鳎是一种非常狡猾的鱼，是
一种出了名的"难打鱼"。也许，人们看它体形扁扁的、软软
的，就认为它是柔弱的，那就大错特错了，它还有一个响当当
的绰号叫"舌鳎刨"，让人听了就要对它敬畏三分。"刨"在
过去农村是件司空见惯的家常工具，不同名称的"刨"有不同
的用途，有的刨可刨细丝、有的可刨皮、有的可刨片等，由此
可见"舌鳎刨"有多厉害了。舌鳎在生活中非常灵活，有时在
捕捞它时，明明感觉已将它捕捞在自己手里了，却不知它什么
时候已从你的指缝间溜走，而大一些的舌鳎，一旦触碰到了
它，它就逃之夭夭了。舌鳎仿佛还会土遁术，当它感到危及生
命安全时，能立刻钻到泥沙中，而且逃避得非常快，转眼就能
逃出数米之远，总是让你始料不及。舌鳎急起来非常凶，也许
大家会被它的假象所迷惑，认为它既没有尖牙利齿不像鳗鱼那
样凶相毕露，也没有致命毒刺不像虎鱼那样令人生畏，但常言
道"兔子逼急了也会咬人"，舌鳎一旦急了，就会使出它惯用的
"杀手锏"：立刻反卷起身体，用其背上的鳞片刨你手背，让你
的手背鲜血淋漓，在遭袭中因疼痛而失手，而这也许是它必须
把握的最后一个逃命机会。

24 在飞行中产仔

在飞行中产仔的鱼叫鲼鳐，由于其在海中美逸的游泳姿势与在夜空中展翅飞行的蝙蝠很相似，所以称之为"鲼鳐"。鲼鳐的英文名是"manta"，意思是"毯子"。鲼鳐扁平的身体展开后像一条巨大的椭圆形的毯子，头宽大平扁，吻端宽而横平，胸鳍肥厚如翼状，头前有胸鳍分化出的两个突出的头鳍，位于头的两侧，当游泳时，头鳍从下向外卷成角状，向着前方。尾细长如鞭，有一个小型的背鳍。鼻孔位于口前两侧，出水孔开口于口隅，喷水孔为三角形，较小，位于眼后，鳃孔宽大。鲼鳐背面多为黑色或灰蓝色，腹面呈灰白色且散布着零星的深色斑点，它们主要以浮游生物和小鱼为食。根据鲼鳐的洄游规律，每年的6—7月出现在福建、浙江沿海，要到8—9月才能在黄海发现它们的踪影，10—11月，就会游回浙江沿海，12月至翌年2—3月沿原来路线洄游南下，鲼鳐属于软骨鱼类，它的个体都比较大，宽度一般在50～100厘米，最大可达8米以上，重达3吨。2008年8月，我国海南的一位渔民就曾捕获了一条1 500千克重的超级"魔鬼鱼"。

鲼鳐的繁殖季节在每年的12月至翌年4月之间，性成熟的个体生殖活动首先是进行雌雄配对，在游向浅水区繁殖场所的过程中，几条体形较小的雄性鲼鳐，追逐体形较大的雌性个体，追逐约半小时后，雌鲼鲼逐渐放慢速度，雄鲼鲼则游到爱人身下，并用胸鳍"爱抚"其身体。交尾时，紧贴腹面，尾部绞在一起，胸鳍皆向腹面卷起，雄鱼用胸鳍的棘刺将雌鱼抱住，排精时两个鳍脚并用，并用其腹鳍内侧变形而成的鳍脚形交接器，插入雌性的生殖孔，雄鱼的精子排入生殖道内，卵子在体内受精。交配的时间很短，交配结束后，雄性则扬长而去，接下来第二个追求者会重演以上的过程。不过鲼鲼是卵胎生鱼类，雌鲼鲼最多只接受2个"意中人"的追求，1～2枚受精卵在雌性体内的生殖道内发育并孵化出仔鱼，13个月后就要进行飞行产仔。鲼鲼在跃出海面前需要做一系列准备工作：在海中以旋转式的游姿上升，接近海面的同时，转速和游速不断加快，直至跃出水面，时而还会伴以漂亮的空翻。最高时，它能跳1.5～2米高，落水时发出"砰"的一声巨响，场面优美壮观。要是不幸被这

庞然大物砸到，那么小船必定是船毁人亡了。而且，雌鳏鳐在腾空飞跃时，就顺便把小鳏鳐也产了出来，小鳏鳐一生下来就有20千克重，长约1米，不了解这种鱼的人，初见之下还以为是大鱼，其实，它还是个刚刚出生的"小宝宝"。小鳏鳐掉入水中便开始了自己的新生活。鳏鳐这种婚育方式称之为卵胎生。

卵胎生鱼类，胚体的营养依靠自身的卵黄获得，与母体没有关系，或主要依靠卵黄营养，母体的输卵管只提供部分营养物质，主要是水分和矿物质。如白斑星鲨、白斑角鲨、日本扁鲨、许氏犁头鳐等，每次产仔几个至十余个，多至30个左右。硬骨鱼类鳉形目的食蚊鱼等和海鲫、黑鳉鲉、褐菖鲉、剑尾鱼、新月鱼、缸鱼等也是卵胎生鱼类。

25 类似哺乳动物胎生繁殖的假胎生鱼类——鲨鱼

　　一提起鲨鱼，大家的脑海中便会立即浮现出一幅可怕的图象：张着血盆大口、几排尖锐的白牙能够撕掉人的胳膊和腿。其实，科学家们经过研究发现，这种可怕的形象，是人类对鲨鱼的误解，并不是鲨鱼的真面目。实际上，绝大多数鲨鱼都是非常温顺的。大概只有鲸鲨、大白鲨、座头鲨、狗鲨等曾有伤害过人的报道。根据科学家考证它第一次咬人都是出于好奇心试探性地用牙齿碰碰。但是，糟糕的是人类的挣扎反而惊吓了

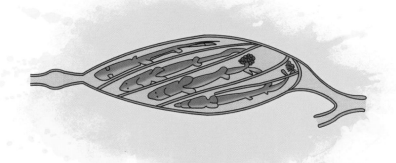

灰星鲨子宫解剖图（子宫分室、胎儿和卵黄胎盘）

鲨鱼，因此它才发起攻击，而血液又能激发其更大的攻击性，这样一来鲨鱼便成了杀人"凶手"。

我国沿海有一种小型鲨鱼，叫灰星鲨，是我们常见的一种鲨鱼，它是以游泳生物为主的杂食性鱼类，捕食蓝点马鲛、青鳞鱼、黄鲫、长蛸、日本枪乌贼、对虾、鹰爪虾、虾蛄、鲽科鱼类、底栖多毛类和蟹类。它会像哺乳动物一样孕育子代，是胎生鱼类的典型例子，但实际上为假胎生鱼类。这类鱼的卵在母体的生殖道内受精发育，母体输卵管发育的类似子宫，壁上有一些突起与胚体连接，形成类胎盘的构造，母体的营养就通过这种"胎盘"输送给胚体，由于这种胎盘在构造上与哺乳动物的胎盘是不同的，特称之为"卵黄胎盘"。灰星鲨就是假胎生的，胎儿有卵黄胎盘，连接于子宫壁上，脐带很长，子宫分成多室，胎儿各

灰星鲨（脐带、卵黄胎盘与子宫壁）

奇妙的鱼宝宝诞生记

居一室，每胎可产5～16仔。这种类似哺乳动物胎生的繁殖方式，称之为假胎生。

灰星鲨性成熟后的繁育分婚配期和产仔期，婚配季节一般在9—10月，雄鱼性腺成熟的明显表现有：鳍脚呈飞跃式的增大，并追逐雌鱼，受到雄鱼追逐的雌鱼，说明也已性成熟。一尾雌鲨鱼往往有多尾雄鲨鱼追逐调情，但最后只能有一尾雄鱼与其交配，雄鱼的争夺战异常激烈，互相撕咬，获胜者在交配前进行剧烈的爱抚活动，然后咬住腹面，来固定交配位置，雄鱼腹面压着雌鱼腹侧，尾部做有节奏的摆动，通常用一个鳍脚插入雌性的生殖孔，雄鱼的精子排入生殖道内，卵子在体内受精，交配时间大约半小时。如果发现雌性鲨鱼伤痕累累，说明已经交配完成。灰星鲨的产仔期为5—6月，胚胎在母体内发育时间为9～10个月，每次能产5～16尾小鲨鱼，出生时小鲨鱼长度可达28厘米，成体长度达1米以上。

26 四足动物的远祖

　　四足动物的远祖矛尾鱼，隶属于真骨鱼纲总鳍亚纲的腔棘鱼目，其化石最早被发现于三亿五千万年前的古生代泥盆纪。在泥盆纪晚期曾一度非常繁盛，约在一亿五千万年前的三叠纪逐渐开始灭绝，自白垩纪以后的七千万年未见足迹。奇怪的是当今世纪却见到了活的矛尾鱼，其发现过程颇为奇特：1938年12月22日，一艘名叫"阿里斯蒂"号的南非拖网渔船，在非洲东海岸的东伦敦岛西部外海大约73米的深海中，捕到一尾长约1.5米、重约57.6千克的怪鱼，渔民们把它送给东伦敦博物馆，当时正值圣诞节，延长了邮寄时间，南半球的夏季使得未做防腐处理的鱼腐败，博物馆管理员库特内·拉蒂迈小姐根据其外形画了3张草图邮寄给英国的罗得大学鱼类学家史密斯教授，教授闻讯后立即驱车500公里赶来，可惜赶到时仅剩下一些碎鱼骨头和长长的鱼鳍。史密斯教授发现它属于早已灭绝的总鳍亚纲腔棘鱼目，它的外形与同类化石比较没有太大的变化。为表彰拉蒂迈小姐的这一重大发现，该鱼被命名为"拉蒂迈鱼"。此后，许多学者在非洲沿海四处寻找，未有所获，直到14年后该种鱼重露踪迹。1952年12月20日晚，在马达加斯加岛西北方的科摩罗群岛安朱安岛附近146米的深海中捕到第二尾拉蒂迈鱼。此后，这种鱼在科摩罗群岛附近不断被发现，至今已捕获200多

奇妙的鱼宝宝诞生记

尾，均作为珍贵的标本陈列于一些国家的博物馆中。中国科学院水生生物研究所鱼类陈列室也珍藏有矛尾鱼标本。

这是一种真正可以称为"活化石"的鱼类。它为科学工作者探索四足动物的起源，寻求从鱼到人的演化历程提供了非常重要的线索。矛尾鱼的发现，是20世纪科学史上的一项重大事件，其重要程度几乎可以和发现一只活恐龙相提并论。但为什么说它是四足动物的远祖，它又是怎么繁殖的呢？

1954年11月12日在安朱安岛附近255米的深海中捕到第八尾矛尾鱼时，该鱼在船上生活了19个小时30分钟，现场观察其行为，发现它的胸鳍几乎能作各方向的转动和支撑姿势。经解剖观察矛尾鱼通体披着蓝鳞，颌下有两块大骨板和颈板，背上生长两个背鳍，腹鳍、胸鳍的基部有大的肉质叶，这些鳍的骨骼部分都埋藏在内质叶里；尾鳍中间有一道突起，象矛一样，"矛尾鱼"的名称由此而来。奇怪的是，矛尾鱼的骨刺不像现代鱼那样坚实，骨刺有空腔，是软的，所以人们又称它为"腔棘鱼"。

　　1987年1月17日，德国生物学家汉斯·弗里克等人乘双人潜艇下海考察，下潜地点是印度洋科摩罗附近海域。经过艰苦的寻找，在晚上9时，终于在距岛180米远的水下198米深处见到了一条活的矛尾鱼，紧接着又发现了5条。

　　令人惊奇的是，这6条腔棘鱼无一例外都会倒立，且每次持续2分钟。根据常识，鱼类倒立多伴随进食、受惊或攻击敌人的行为；而此时水下200米处温度较低，并没有受到任何外来威胁，也没有水流的突然冲击。他们还发现腔棘鱼与众不同的游动姿态：有时后退，有时肚皮朝上仰游；所有动作看上去慢腾腾的，显得十分拙笨，但实际上却非常协调和谐。腔棘鱼的胸鳍、腹鳍、后腹鳍的动作是同步的，右前鳍一前一后地与左前鳍协调配合，与马的小跑十分相似。此外，腔棘鱼能将其柔软的胸鳍翻转180度，起"划桨"的作用，以保证其身体在奔流中的平稳。在水下考察时，两位科学家还发现腔棘鱼用肢状鳍靠在海底休息，但从未见过它们爬行。

　　所以科学家普遍认为，总鳍鱼类是陆生四足动物的祖先，

奇妙的鱼宝宝诞生记

陆生动物的四肢是由鳍演变而来。总鳍鱼类在发展初期分为两支，一支是扇鳍鱼类，包括骨鳞鱼和孔鳞鱼，它们不断地适应陆地环境，进化为两栖动物类，不断向前发展终于进化到人类。另一支腔棘鱼类，始终未能离开水，它的后裔存留到现代只剩下矛尾鱼这一种。

矛尾鱼的生殖方式一直是个谜。有的科学家认为它是胎生，有的则认为它是卵生，争论了30多年，直到发现鸡蛋一样大的卵子，结合1975年在一条矛尾鱼的输卵管里发现的5条带有卵黄囊的小胚胎，才证实矛尾鱼是卵胎生，矛尾鱼生殖之谜才算揭开。科学家认为，虽然矛尾鱼的繁殖行为不详，但矛尾鱼应该是体内受精，雌鱼每次产5～25条幼鱼。幼鱼出生后就已经能够独立生活。估计它们的妊娠时间为13～15个月。根据其耳石年轮估计，矛尾鱼的寿命为80～100年。

矛尾鱼生活的适宜水温为14～22℃，这个温度的水深一般为90～150米。矛尾鱼日间会栖息在洞穴中，夜间会上升到55米水深的地方觅食。它们可以头向下游泳，甚至向后或腹部向上游泳来寻找猎物，完全发挥喙腺的功能。主要食物有线鳗、细小的鲨鱼和乌贼、鱿鱼等深海鱼类和无脊椎动物。科学家怀疑它们可以随意降低代谢率，以接近冬眠的状态下沉到较难生存的深海处。

世界上许多地方都有矛尾鱼化石，为什么活的矛尾鱼只生活在非洲东南的印度洋中？现存矛尾鱼的总数有多少，它是否还有近亲生活在世上？这些都还是难解之谜。

后 记

作者在宁波大学从事科研教育59年，因经济水产养殖种类育苗的需要，对相关的水产动物宝宝诞生过程进行了详尽的调查和仔细的观察，在此基础上对重要的水产养殖种类进行了深入的实验研究，积累了较为丰富的资料和经验，并为了使本书内容更为全面、完善，查阅和收集了相关的文献资料，

显然还有不少特殊的鱼宝宝诞生过程未被人们发现，有待于科学家进一步研究，但也有不少奇妙的现象，因生态环境被破坏而消失，可见保护生态环境的重要性。本书仅就已发现的26例鱼宝宝诞生方面的奇特现象，以科普形式给予整理出版。本书不但可作为青少年科普读本，也适于中老年阅读，对于水产养殖生产从业者和教育科研人员有重要的参考价值。本书内容呈现在眼前的是基于现实的生动描述和栩栩逼真的插图，可以满足广大读者的求知欲和好奇心。

本书的出版发行，得到了宁波大学海洋学院的关心和资助，李翀提供了鱼宝宝诞生的示意草图，借此一并表示衷心的感谢！

图书在版编目（CIP）数据

奇妙的鱼宝宝诞生记 / 李明云编著. -- 北京 ：农村读物出版社，2025.1. -- ISBN 978-7-5048-5861-0

Ⅰ . Q959.4-49

中国国家版本馆CIP数据核字第2024KR0184号

中国农业出版社出版

地址：北京市朝阳区麦子店街18号楼

邮编：100125

责任编辑：杨晓改　李文文　林维潘

版式设计：杨　婧　　责任校对：吴丽婷　　责任印制：王　宏

印刷：北京缤索印刷有限公司

版次：2025年1月第1版

印次：2025年1月北京第1次印刷

发行：新华书店北京发行所

开本：880mm×1230mm　1/32

印张：2.75

字数：57千字

定价：29.80元